MOBILE 4 ALL

Il mobile

alla

portata

di tutti

Lorenzo Codacci

lcodacci@yahoo.com

http://lcodacci.blogspot.com

Copyright

Questo libro, sia in formato cartaceo che elettronico, e' tutelato dalle leggi vigenti in Italia e all'Estero sul copyright e la difesa dei diritti d'autore.

Ogni distribuzione non autorizzata dall'autore o dalla casa editrice associata, e' perseguibile ai termini di legge previsti nel Paese di erogazione.

Nella versione elettronica, inoltre, e' stata applicata la tutela digitale DRM, al fine di impedire ogni riproduzione successiva dei contenuti del libro.

Sommario

SOMMARIO

SOMMARIO

Perche' questo libro?

Ciao Guys,

mi chiamo Lorenzo Codacci, ho 35 anni e attualmente lavoro presso una societa' fiorentina leader in ambito "Mobile".

Ho deciso di scrivere questo libro per soddisfare un mio desiderio personale, ma anche per mettere a disposizione della comunita' un "Bignami"© per orientarsi nel complesso e variegato panorama odierno del Mobile.

Il mio scopo peraltro, conscio delle enormi potenzialita' di ricerca che mette a disposizione la Rete, non e' tanto quello di racchiudere in queste pagine un condensato delle conoscenze informatiche acquisite in anni e anni di esperienza nel settore,

Soprattutto ho voluto esprimere il mio punto di vista (talvolta puramente filosofico), fornendo a chi si avvicina per la prima volta o a chi gia' ci opera, un quadro approfondito di questo Universo tecnologico.

Se siete stanchi (o semplicemente non avete il tempo) di cercare le informazioni che vi servono per il vostro lavoro (o per quello dei vostri sogni) nell'ambito Mobile....

QUESTO LIBRO FA PER VOI!

Ora che l'avete acquistato posso pero' svelarvi un segreto e siete autorizzati a sentirvi ingannati: parlo pochissimo di Mobile qua dentro, mi dispiace :-)

Ho iniziato scrivendo il libro con le migliori intenzioni, ma poi mi sono perso per strada...

Quello che doveva essere un manuale d'uso semplice e comodo da portarsi in giro quando ricordarsi di un certo concetto sulle recenti tecnologie, si e' trasformato in qualcosa di diverso, ma (e qui sta l'aspetto positivo)...in meglio devo dire.

CAPITOLO 1

Ho cioe' capito durante la stesura, che il Mobile non e' altro che un modo nuovo per gestire ...(TA-DAN..rullo di tamburi) ... l'informazione.

La vera protagonista, a tutti gli effetti: l'informazione.

Quello che mi ha fatto riflettere maggiormente e' che la gioventu' di oggi che usa la tecnologia del momento (senza problemi di adattamento e da' per scontate alcune delle caratteristiche piu' innovative degli ultimi secoli che troviamo nei cellulari di ultima generazione), e' invece molto impreparata sulla conoscenza di "quello che trasmettono" o "quello che ricevono", "quello che scambiano".

La caccia all'ultimo modello di telefonino o di palmare rischia oggi di mettere in secondo piano l'importanza dei dati che essi gestiscono e questo libro vuol essere un aiuto significativo che permetta di capirla meglio e approfondirla.

Mobile 4 All e' un approccio a questi argomenti partendo proprio dalla tecnologia; quindi, come vedremo piu' avanti, dall'ultimo anello della catena dell'informazione.

Credo che questo approccio "bottom-up" (dal basso - la tecnologia, verso l'alto - l'informazione) sia piu' semplice da capire per la nostra generazione abituata a "toccare con mano" quello di cui si sta parlando.

Quando dico "la nostra generazione" non intendo la fascia 15-35, ma tutti gli esseri umani del XXI secolo, comprese le nostre mamme, nonni, amici di famiglia non giovannissimi, ecc... Tutti noi siamo argomento di questo libro.

Ognuno di noi italiani, del resto, ha ormai almeno un cellulare e comunque non mi riferico solo ai Paesi industrializzati, ma, azzardando un'ipotesi confermata da recenti studi, posso estendere l'argomento anche a quei Paesi del cosiddetto "Terzo Mondo" che sono in via di sviluppo.

Il Progresso passera' per tutti dall'instancabile **catena dell'informazione**.

CAPITOLO 1

Nella parte finale del libro, troverete una piacevole sorpresa per chi e' al primo impiego e desidera trovarlo nel mondo Mobile o per chi comunque sia interessato a muovere i primi passi in questa straordinaria punta di diamante della tecnologia. Tra le sorprese, vi preannuncio una stesura "2.0" interamente in formato elettronico e interattivo di questo libro e una versione "3.0" che, senza mezzi termini, vi lascera' letteralmente allibiti in quanto sfrutta molti concetti pionieristici descritti nel libro. Nel libro ho individuato sostanzialmente 3 modi per gestire l'informazione: crearla, fruirla e "farla fluire".

L'utilizzo dei dispositivi mobili, quali cellulari o smartphone di ultima generazione, ma anche gli stessi computer portatili, vanno nella direzione di permettere queste 3 operazioni senza i limiti imposti dal passato.

Partendo proprio dal passato, inizia questo viaggio nel quale vorrei catapultarvi...

N.B. L'azienda dove lavoro e' fortemente coinvolta in una delle tecnologie presentate all'interno, ma la professionalita'che mi contraddistingue e' la garanzia del lettore che gli argomenti trattati saranno affrontati con la massima obiettivita' possibile.

A tal proposito, invito il lettore fin d'ora a segnalare incongruenze o informazioni che posso aver dato in modo parziale alla mail lcodacci@yahoo.com o sul mio blog:

http://lcodacci.blogspot.com/

PRONTI??? VIAAAAAAA ....

Lorenzo Codàcci

CAPITOLO 1
Filosofeggiando un po'

Mobile?? Che significa questa parola e con quali sfumature viene "tinteggiata" nell'odierna cultura hi-tech, e' uno degli scopi di questo libro.

Una domanda lecita, che mi e' stata rivolta da un collega per scherzare un po' e' stata:

"Ma la fiera del **mobile** che si tiene ogni anno a Firenze c'entra qualcosa? No , sai, perche' dovrei cambiare i mobili nella cameretta di mio figlio e...." :-)

La parte divertente e' che quello che noi italiani reputiamo un oggetto di legno molto utile dove mettere i nostri abiti, cambiando solo l'accento e la pronuncia diventa, nella lingua inglese, un termine per descrivere quei dispositivi elettronici che, sempre noi italiani, ci portiamo dietro dovunque (intendo "proprio ovunque" e vedo gia' i sorrisetti sulle vostre facce di quelli tra voi che si portano il cellulare anche in bagno eheh).

Durante lo svolgimento del libro, usero' quindi le parole "mòbile", "mobìle" (notare la differenza di accento, nel secondo caso di pronuncia "mobail"), "dispositivi mòbili", "dispositivi in mobilità", "device mòbili", "palmari"... tutti modi diversi per descrivere lo stesso oggetto hi-tech di cui stiamo parlando.

Il termine internazionale per descriverli puo' essere anche "smartphone" oppure "handheld", intendendo quei cellulari "evoluti" (smart, appunto) che stanno nel palmo di una mano (hand-held).

CAPITOLO 1

Il modo piu' "politically correct" che conosco di coadiuvarmi di definizioni oggettive per descrivere concetti talvolta molto soggettivi, credo sia quello di usare uno
strumento universalmente noto nel nostro mondo tecnologico: Wikipedia ® (www.
wikipedia.org). Tanto per non correre il rischio di "dipingermi" anche io come una
sorta di Dio-in-Terra o sancta-sanctorum nelle prime 2 righe del mio libro, riporto
fedelmente cosa scrive il famoso dizionario online Wikipedia sul termine "Mobile" :

Mobile:

" the ability to move or be moved" (la facolta' di muovere o essere mossi)
INTERESSANTEEEEEE... Perche'????

Ma e' esattamente la definizione che mi serviva per farmi da
assioma dei concetti che volevo esprimere nel libro.

Senza che lo sapessi, Wikipedia, il piu' grande dizionario del mondo, riporta in una
frase un concetto che ho fatto mio da anni e che cerchero' di trattare piu' avanti e
questo concetto piu' o meno e': *" Si' ma, chi o che cosa (e come e dove) dovremmo*
"muovere"? " Ovvero, cosa ci mettiamo su un dispositivo "mòbile" ?

Cosa transita ogni giorno sui nostri cellulari? Cosa fa si' che la metropolitana sia
piena di uomini d'affari che non alzano mai lo sguardo dai propri palmari?

Insomma, a cosa serve avere un oggetto cosi' piccolo (anche un pc portatile lo e'
ormai) sempre a disposizione?

Di cosa realmente abbiamo sempre bisogno ovunque e del quale ormai non riusciamo piu' a fare a meno anche quando andiamo in bagno? (i sorrisetti di prima si
sono allargati a dismisura, lo so... vi ho beccati!)

La risposta e' semplice, banale e l'abbiamo sempre conosciuta:

Abbiamo bisogno di **informazioni.**

Ecco, la parola magica: le informazioni! Iniziamo proprio da queste "sconosciute"...

1.1 Le informazioni

Le informazioni sono sempre esistite, fin da quando e' stato creato l'Universo (probabilmente anche prima).

Recenti teorie scientifiche e filosofiche, paragonano le informazioni agli atomi, defininendole come la base sulla quale si poggiano ad esempio i computer, mentre nel caso degli atomi l'Universo stesso.

Sostanzialmente, come un computer elabora e gestisce delle informazioni (1 e 0), cosi' l'Universo opera, in un'ultima analisi, sulle piu' piccole informazioni note, cioe' gli atomi.

Immaginare che l'Universo sia una sorta di super computer che elabora delle informazioni e' molto utile per gli scopi di questo libro, in quanto vedremo insieme che tutto quello che decidiamo, pensiamo , sogniamo, realizziamo, si basa su come elaboriamo le informazioni in nostro possesso in un determinato istante.

In passato le informazioni, fossero testi contenuti in dei libri, piuttosto che storie di personaggi di fantasia o resoconti di grandi guerrieri tramandate oralmente, pitture di grandi artisti impresse nei templi o sapienti melodie greche echeggianti a teatro, avevano queste caratteristiche:

- non riproducibili con esattezza
- difficili da spostare o da diffondere
- poco sicure e soggette a perdita irrimediabile
- filtrate da "enti superiori", quali imperatori, religioni, filosofie
- non sempre comprensibili su larga scala (trattati medici, scienze divinatorie)

CAPITOLO 1

Anche se la storia ufficiale sta ancora cercando una verita' ampiamente condivisibile, e' molto probabile che questi aspetti siano i principali fautori della regressione dell'umanita' alla quale abbiamo assistito nei primi secoli d.C. che e' poi dilagata nell'oscurantismo cristiano tipico del Medioevo.

E se streghe, maghi, esperti di divinazione, religioni perdute, piuttosto che teorie sull'universo assodate nei tempi andati, altro non fossero che un modo progredito nel lontano passato per gestire l'informazione?

Forse il modo "avanzato" a cui tendiamo oggi per usare al meglio i dati in nostro possesso (poterli creare e usare in qualsiasi momento e dovunque in massima liberta') era gia' ben noto in societa' civilizzate come quella assira o greca, o molto ben radicato in culture avanzate come quella andina preispanica.

Forse lo era veramente.

La sensazione che ho e' che stiamo oggi "riscoprendo l'acqua calda" dell'informazione: come la si crea, fruisce e la si condivide nel migliore dei modi.

Societa' antiche forse conoscevano l'importanza delle informazioni e, anche se con mezzi che oggi consideriamo primitivi, hanno fatto di tutto per preservarle fino ai giorni nostri. Al posto di memorie di massa molto capienti come gli odierni dischi rigidi, gli antichi immagazzinavano i loro dati in intere biblioteche come quella di Alessandria d'Egitto oppure, anziche servirsi di Internet, usavano corrieri a cavallo o veloci corridori per trasmettere le informazioni cruciali.

Meglio non addentrarsi in altri modi che avevano i nostri avi per gestire le informazioni, altrimenti sfocerei nell'esoterismo e non e' mia intenzione :-)

Tralasciando per un attimo cosa ci riserva il futuro (sul quale mi sto facendo un'idea ben precisa) in termini di come memorizzare e come far viaggiare le informazioni, vorrei invece approfondire queste differenze tra passato a presente, alla ricerca di analogie che sono sotto gli occhi di tutti.

CAPITOLO 1

Per la storia ufficiale che conosciamo nei libri di scuola, la carta stampata e la tradizione orale, insomma, erano in passato gli unici modi per trasmettere qualcosa agli altri, insomma per far **"mettere in movimento"** l'informazione.

Ho gia' elencato gli svantaggi di questi 2 aspetti, in quanto soggetti a numerose interferenze nella corretta propagazione dell'informazione, quella che oggi e' nota col nome di "condivisione".

I tempi sono cambiati: in meglio, direi..

Perche'??

1. l'informazione oggi e' piu' **oggettiva** che in passato, dove trasmetterla a voce oppure quando veniva interpretata in un libro, ne modificava spesso il messaggio originale.

2. l'informazione puo' essere **"messa in movimento"** e trasmessa oggi molto **piu' velocemente** di prima

3. il **"target"** a cui l'informazione si rivolge e', potenzialmente, molto **piu' ampio**

4. esistono dispositivi che permettono di trasmettere una **quantita' di informazioni impensabile** fino a "soli" 10 anni fa

5. esistono tecnologie collaudate per **memorizzare** in modo permanente e sicuro le informazioni, in modo da essere al riparo da perdite accidentali addirittura irrimediabili

6. molto piu' dei 2 millenni appena trascorsi, l'informazione viene da noi avvalorata quando e' nel suo stato **"originale"**, ovvero non filtrata da organizzazioni che , per interessi o meno, ne interpretino l'intrinseco valore e ne stimino le conseguenze

7. l'informazione sta tornando al suo stato **semplice**, presa per quello che e', senza sovrastrutture incomprensibili per noi comuni mortali

8. l'informazione e' adesso spesso **riproducibile** in qualsiasi momento e modalita'

CAPITOLO 1

Come in un circolo, ho la netta sensazione che l'informazione stia chiudendo il cerchio.

E' nata come la cosa piu' semplice dell'Universo, particelle di materia che avevano degli stati molto semplici e riconducibli a schemi basilari.

La *teoria dei frattali* va proprio nella direzione di dimostrare come, schemi complessi come i disegni di alcune piante o di galassie che vediamo nell'Universo, non siano altro che composti da un insieme finito di schemi molto piu' semplici che oggi finalmente la tecnologia moderna ci permette di osservare.

Se all'epoca del Big Bang, sul quale ormai scienziati di tutto il mondo stanno convergendo quasi all'unanimita', esisteva tutto l'Universo compresso in una bilia delle dimensioni di quelle che usiamo per giocare sulla spiaggia, e' logico pensare che queste particelle fossero nella loro forma "ottimizzata", ovvero piu' semplice possibile.

Espandendosi l'Universo, si sono "espanse" anche le possibilita' che questa materia fatta di atomi si ricombinasse in forme sempre piu' complesse e che poi hanno dato vita all'attuale forma di tutto cio' che vediamo e che conosciamo.

L'informazione che queste particelle trasportavano, si e' di conseguenza appesantita di tutta una complessita' che l'Uomo gli ha attribuito.

Se e' vero che la scienza e' arrivata molto prossima a spiegare "quasi" tutte le leggi che regolano la vita, per ammissione degli stessi scienziati (Einstein in primis) siamo ancora lontani da una teoria che unifichi il Tutto e spieghi i singoli "bit" di informazione.

Come se l'Universo, in questo particolare momento storico di Risveglio, percepisse la nostra difficolta' a elaborare le informazioni, ci sta facendo cogliere il valore della loro semplicita' di base.

Il sistema binario dei computer e' la rivoluzione piu' importante del XX secolo e la premessa per le altre in arrivo nel XXI per un uso "appropriato" dell'informazione.

CAPITOLO 1

Tornando a noi e allo scopo che si prefigge questo libro, possiamo osservare come la storia segua il suo corso in modo esemplare e senza sbavature.

Posso davvero immaginarmi uno "stregone" o alchimista del 200 d.C. secolo alle prese con l'invenzione del palmare?

Al di la' delle problematiche tecnologiche che cio' avrebbe comportato, fino ai giorni nostri pensare di "mettere in movimento" l'informazione per come la concepiamo noi, era fondamentalmente inutile.

A cosa serviva avere con se' gli elisir per rendere lucente la pelle, le poesie accalorate di quel tale scrittore greco se tuttavia tutto questo era considerato "fuori-legge"?

C'era il rischio concreto di essere tacciato di eresia o, in tempi piu' antichi, di star comunque perpetrando pratiche religiose o pensieri filosofici non in linea con la cultura dominante e comunemente accettata.

"Cosa me la porto dietro a fare l'informazione se, non solo non mi e' utile, ma e' pure pericolosa per la mia incolumita'?" dev'essere stato il pensiero ricorrente di intellettuali dell'epoca quando riflettevano sulle informazioni in loro possesso.

Nei secoli che seguirono, il Mondo, con le dovute eccezioni, e' diventato molto simile al "saggio" tibetano che si e' chiuso, con la sua conoscenza e le informazioni vitali, nel suo isolamento per paura (sensata e concreta) che queste venissero distrutte e defraudate da chi non ne percepiva il reale valore.

Dopo questa lunga digressione filosofica (spero non noiosa), torno in argomento, perche' ci possiamo facilmente accorgere che la situazione sul nostro pianeta e' cambiata: oggi non abbiamo piu' nulla da temere, soprattutto non dobbiamo aver paura delle informazioni, anzi vediamole come alleate della nostra evoluzione.

Esortiamoci, quindi, a crearle, a usarle nel miglior modo che ci viene in mente; nel dettaglio della trattazione di questo libro, ho messo in evidenza come il Mobile, alla fine, non sia altro che un modo nuovo per *creare, fruire e far muovere* le informazioni.

1.2 Qualita' e Target dell'informazione

Ma l'informazione e' tutta uguale? Se l'informazione e' piu' oggettiva rispetto a prima, possiamo dedurre che la "qualita' dell'informazione" sia migliore di un tempo? Inoltre, la **qualita'** di quello che viaggia in questi dispositivi mòbili puo' essere definita in qualche modo oppure il **"target"** al quale si rivolge puo' essere suddiviso in categorie facilmente individuabili? La risposta a queste domande e'...

Certamente SI!

Questi concetti di **qualita' e target** (detto anche "mercato" come vedremo piu' avanti) che caratterizzano le informazioni sono riassuntivi di quello che abbiamo affrontato finora, quindi dell'evoluzione del loro ruolo nella storia che conosciamo.

Vantaggi e svantaggi che ho descritto precedentemente, possono infatti rientrare all'interno di questi 2 modi che si usano per descrivere l'informazione.:

- **qualita'**: oggettiva (originale, semplice), al sicuro (memorizzabile), riproducibile
- **target:** velocita' di trasmissione, quantita', oggettiva (semplice)

Per ognuno di questi aspetti, intravedo che siamo nella strada giusta, il circolo sta completando il suo percorso.

In possesso di informazioni oggettive, sicure , riproducibili senza sforzi e che siamo in grado di far avere a chiunque in qualsiasi momento, sono certo che il nostro Progresso sia inarrestabile.

Quello che maggiormente emerge da queste considerazioni su qualita' e target, e' che, avendo compreso quali sono le caratteristiche "positive" delle informazioni, ci renderemo conto di avere un enorme potenziale.

Noi stessi, gia' oggi, siamo sia creatori che fruitori dei dati di cui sto parlando e questo ci da' la liberta' di orientare il nostro sapere (e quindi il nostro progresso) nei modi e per gli scopi che preferiamo, non piu' schiavi quindi di "ordini superiori" come era in passato.

CAPITOLO 1

Possiamo creare poesie, musica, bellissime immagini, guarire le malattie, ottenere la pace nel mondo, tutto con una facilita' che non trova precedenti nella storia della nostra specie.

Il Mobile e' una di queste facolta' che oggi abbiamo a disposizione.

Utilizzando un dispositivo mobile come un palmare di ultima generazione, diventiamo noi stessi come dei Content Provider (fornitore di contenuti) che, continuamente, contribuiscano alle informazioni in possesso dell'Umanita'.

Questo rappresenta un notevole salto nell'era dell'informazione che stiamo vivendo, perche' ci rendiamo conto di poter intervenire sulla "qualita'" di cio' che ci circonda e sulla nostra personale esperienza di tutti i giorni.

Siamo molto piu' interattivi e responsabilizzati nei confronti della vita, semplicemente perche' disponiamo di piu' informazioni dei nostri antenati di 1000 anni fa, o anche di solo 50 anni fa. Oggi tocchiamo con mano il fatto che un nostro articolo su un blog, una foto pubblicata sul National Geographic, "impatta" sulla qualita' delle informazioni di cui siamo circondati e la cosa strabiliante e' che questo impatto possiamo verificarlo quasi in tempo reale tramite feedback dagli altri, commenti al materiale che stiamo condividendo, ecc...

Questo scambio di informazioni, commenti, recensioni avviene poi su vasta scala, un numero impressionante di persone e di interazioni che mai era cosi palesato ai nostri occhi. Senza ricorrere a concetti in cui credo (come le reti neuronali o la Matrix Divina), ma che non possono essere facilmente descritti nel contesto di questo libro, e' sotto gli occhi di tutti che ci sono milioni di persone interessate a quello che pensiamo o diciamo e che gli altri milioni che non lo sono, stanno comunque esprimendo delle informazioni che ci saranno a loro volta utili.

Il potenziale di utenti che interagiscono con le informazioni ho deciso di raggrupparlo in base al motivo per il quale ne sono interessati.

CAPITOLO 1

Direi che, se quell'informazione genera un interesse diciamo "commerciale" e quindi uno sfruttamento economico dei dati, si puo' dire che gli interessati abbiano piu' o meno uno scopo comune per condividerla e utilizzarla (come succede in un'azienda). Diversamente, un'informazione che rappresenta qualcosa di personale inquadra chi l'ha prodotta e condivisa con altri come "utente finale" o, nella logica consumistica dei Paesi industrializzati, appunto "utente consumer".

Nel corso del libro, mi riferisco a "utenti consumer" anche ai bambini del Terzo Mondo che stanno iniziando adesso a usare Internet e l'informazione ivi contenuta.

Li chiamo "consumer" perche' in qualche modo "consumano" l'informazione che fruiscono o che creano, ma per distringuerli piu' che altro dagli utenti "enterprise" che hanno come finalita' ultima un interesse commerciale su quell'informazione.

Sostanzialmente, possiamo sintetizzare i due aspetti appena espressi dicendo che:

- la **qualita'** dell'informazione varia in funzione di chi la crea e di come venga erogata sul mercato (o "target)
- il **target** dell'informazione possiamo individuarlo come: *Enterprise* (o aziendale) oppure *Consumer* (o utente finale)

Questi due aspetti dell'informazione determinano il modo in cui siamo in grado di comunicare, di lavorare, di interagire tra di noi al giorno d'oggi.

Creazione dell'informazione

Abbiamo appena visto quanto e come la Qualita' di una certa informazione sia influenzata da chi la crea.

Questo e' anche il primo passo del ciclo di vita dell'informazione, nel quale "nulla si crea e nulla si distrugge", come afferma un vecchio adagio riferendosi all'Universo (ho gia' descritto le similitudini concettuali che esistono tra informazione e materia nel precedente capitolo).

Sto cercando di dire che il rapporto sempre esistito tra chi crea e chi fuisce le informazioni sta subendo un cambiamento.

Se fino a oggi c'era "chi creava" e "chi fruiva", oggi con l'avvento di Internet non e' piu' cosi'.

Il concetto puo' essere espresso nel seguente modo:

"Ha senso cercare in Rete un certo dato e, solo dopo aver "fruito" di quelli simili messi a disposizione dagli altri, decidere di dare il nostro contributo creando qualcosa di nuovo oppure crediamo che il nostro contributo sara' sempre un "valore in piu" a prescindere da cosa esiste gia'?"

A mio avviso, se posso azzardare un'ipotesi per l'immediato futuro, la Qualita' dell'informazione crescera' notevolmente in quanto ognuno potra' verificare in anticipo se tale dato e' gia' presente in Rete, quindi verranno aggiunte solo informazioni "nuove", si tratti di immagini, video, articoli, commenti.

In quest'ottica, quanto e' importante la Qualita' di quello che viene creato e come puo' influire sulla Qualita' generale delle informazioni in possesso della comunita' ?

Questo concetto mi pare assai rilevante perche' ne introduce uno nuovo che riprendero' piu' avanti, ovvero quello della **Quantita'** di informazioni che ci troviamo a gestire in epoca moderna.

CAPITOLO 2

L'informazione e' atea mi verrebbe da dire :) (espressione forte, lo ammetto).

Rispetto a quanto appena detto, e' lecito immaginarsi che alcuni di noi, al momento della sua creazione, non ne conoscano la destinazione "finale", chi ne fruira' e come per cui, in qualche modo, l'informazione che viene creata e', a tutti gli effetti, "vergine" (avevo usato il termine "oggettiva" nel capitolo precedente, ma il significato e' lo stesso). Ho individuato col nome di "**content provider**" un individuo (o insieme di individui), persona fisica (o membro di un'azienda) che "crea" delle informazioni vergini, originali. Guardo il mio prezioso amico Wikipedia alla ricerca della parola incriminata e, con mia grande sorpresa, scopro che:

La cosa incredibile che ho notato e' che, cercando sulla popolare enciclopedia Wikipedia la parola __Content Provider__, si viene rediretti ai cosiddetti **VAS** *(Value Added Services, servizi a valore aggiunto), dando per scontato che la creazione di un contenuto o l'ente/persona fisica che lo crea siano appunto dei "valori" in piu'.*

"Valore Aggiunto": una definizione che oggi e' stra-usata nell'era dell'informazione, sulla quale cio' nonostante si riflette ancora troppo poco. Nell'esempio di un giornale di carta stampata, tanto per non fare un esempio "moderno" di gestione dell'informazione, i buoni e cari giornalisti di "una volta" si recavano sul posto per accertare la realta' dei fatti, per avere informazioni "di prima mano".

Il giornalista era in pratica la "fonte" dell'informazione, la "creava", in quanto riportava fedelmente (sulla carta) cio' che era accaduto o stava accadendo.

Per anni si e' ritenuto che il Valore Aggiunto dei giornali fosse proprio documentare la realta', in qualche modo chi leggeva si accontentava di esserne almeno messo a conoscenza. Possiamo applicare questo concetto di Valore ancora oggi?

Oggi che, con Internet, l'informazione viaggia alla velocita' della luce e ha spesso una molteplicita' di fonti contemporaneamente?

CAPITOLO 2

Nell'esempio appena fatto, il giornalista e' il nostro Content Provider, ovvero la fonte di contenuti che perverranno al redattore della testata, il quale analizzera' le informazioni originali (notizia,fotografie,intervista) e ne trarra' l'articolo che legger-emo l'indomani. Proviamo a visualizzare questo flusso dell'informazione, visto che si applica a tutti gli argomenti di cui parleremo nel libro:

Fig. 1 - Ciclo di vita "iniziale" dell'informazione
Come si evince dal grafico, nel mondo continua-mente qualcuno (o qualcosa) crea un'informazione e qualcuno ne fruisce.

Si parla di "flusso" perche' gli stessi destinatari (fruitori) dell'informazione possono diventare a loro volta creatori oppure semplicemente "intera-gire" con chi ha l'ha creata (commenti, feedback)

Il senso delle frecce di questo schema e' indicativo del fatto che **chi crea**, piu' o meno consciamente, **sa di creare verso un certo mercato** di potenziali utenti interessati a quel contenuto.

Ecco perche' diventa fondamentale associare il concetto di "qualita'" a chi crea e il concetto di "mercato" a chi fruisce di una specifica informazione.

Per adesso limitiamoci al primo passo del ciclo di vita: la creazione.

Nel corso del secolo appena trascorso, il XX secolo, l'uomo ha totalmente rivoluzi-onato il modo con il quale creava l'informazione; quello che, a mio avviso, non e' cambiato e' l'associazione tra qualita' e chi la crea.

Anche nell'era digitale, in altre parole, e' sempre fondamentale tenere ben presente che **l'importante sono i contenuti e non come vengono creati**: questo per non per-dere di vista il ruolo attuale dell'informazione nel campo della tecnologia in continuo fermento.

2.1 Creare nell'era di Internet

Certo e' che, oggigiorno, le porte si sono aperte per chi crea informazione.

Nell'era in cui viviamo, creare qualcosa equivale a farlo in modo digitale, in modo che possa essere poi fruita da milioni di persone in tutto il mondo.

La multimedialita' di Internet non mette limiti alle tipologie di contenuti che si possono creare e condividere:

- ffile di testo "rich", con programmi quali MS Word® o OpenOffice
- grafici, statistiche, report con programmi quali MS Excel®
- presentazioni multimediali con programmi quali MS Powerpoint®, Adobe Flash®
- progetti in ambito Project Management (tipo GANTT) con strumenti quali Open Proj
- musica, sia ascoltabile (formati .mp3, cd audio) che interpretabile da un dispositivo digitale sonoro (.mid, .wav)
- video, con programmi quali MS Media Player, QuickTime
- sessioni formative (e-learning) con portali web dedicati o file multimediali avanzati
- post o un commento su un blog, ovvero scrivere un'informazione nuova o rispondere a una esistente in formato testuale

Mi sono limitato solo a alcune tipologie di "file" che esistono in Rete al giorno d'oggi.

L'uomo moderno, insomma, si sta adoperando quotidianamente per riprodurre virtualmente e in modo digitale, l'esperienza di vita nel cosmo.

Man mano che si allargano le nostre conoscenze di come funziona l'Universo, quando la scienza da' credito a certe teorie pionieristiche, ecco che nuove branche del sapere umano vengono alla ribalta e, per alcune, nuove tipologie di file (informazione digitale) vengono coniate.

CAPITOLO 2

Vorrei farvi notare come i file digitali usati nei computer vanno a soddisfare i requisiti che ho descritto nel capitolo precedente.

Un pezzo di informazione, che oggi giorno inseriamo in un file digitale e' infatti:

- **riproducibile** in modo identico sempre e dovunque (originale, semplice, senza filtri)
- **archiviabile** in modo sicuro per una successiva fedele riproduzione
- **ottimizzato** come occupazione di spazio per essere inviato velocemente ovunque

Quello che sto sottolineando e' che ci stiamo avvicinando molto al concetto di Qualita' dell'informazione che, purtroppo, e' andato perso negli ultimi 2 millenni.

Pensate a come sarebbero stati felici a Alessandria d'Egitto se avessero avuto un sistema di backup o di digitalizzazione dei milioni di libri che sono andati perduti nel rogo della biblioteca?

Oppure, tanto per essere tacciato di eresia, a come sarebbero contenti al giorno d'oggi milioni di fedeli di tutte le religioni, se venissero divulgati "in originale" tutte le informazioni contenute in libri e manoscritti occultati o distrutti per millenni?

Oggi abbiamo l'immensa possibilita' di vedere l'originale!!

Di qualsiasi informazione vi venga in mente.

A me sembra semplicemente stupendo...

Anche il fatto che l'intero Universo assomigli, nel suo funzionamento, a un super computer che tratti le informazioni (atomi) come le trattiamo noi all'interno di Internet, e' di per se' molto gratificante.E' come dire: "Impariamo a migliorare la qualita' di quello che creiamo e sapremo di conseguenza come migliorare l'Universo".

Non e' una bella sfida?

2.2 Nascita e scopo dei Content Provider

Il primo Content Provider di cui sia abbia memoria nell'era dell'informazione digitale e' il leggendario AOL® (America On Line), che forniva , oltre ai "contenuti" veri e propri dei servizi all'epoca innovativi, quali ad esempio l'accesso alla posta elettronica.

Sebbene AOL fornisse contenuti e servizi (Service Provider, di cui parlero' piu' avanti) a pagamento a fronte di una "fee" (quota) mensile, oggi giorno molti Content Provider erogano i loro contenuti in modo gratuito.

E' cambiato, insomma, il modello di business che alimenta la produzione di contenuti: il modo che oggi e' comunemente adottato per "rientrare" degli investimenti fatti, ma soprattutto della spesa sostenuta per erogare contenuti, e' quello di sfruttare la pubblicita' (banner o click-through).

Google ha lanciato ormai da qualche anno un servizio che sfrutta questi due modelli di business congiunti sotto il brand name di AdWords®.

Sebbene questi modelli di business abbiano fatto la fortuna di alcuni Content Provider, essi sono stati oggetto di numerose controversie (anche legali) e, ultimamente, la tendenza auspicata e' quella di far pagare gli utenti per i servizi/contenuti dei quali effettivamente usufruiscono.

In quest'ottica, nella versione 2.0 e 3.0 del presente libro, avrete il piacere di vedere attuata la politica del "pay-per-view" (PPV) e del "pay-per-create" (PPC) di cui vorrei farmi promotore.

Perche' obbligare il fruitore dei contenuti a pagare per delle cose alle quali non e' interessato?

*E soprattutto, se poniamo l'accento sull'importanza della qualita' dell'informazione, **perche' non premiare in qualche modo chi la crea?***

CAPITOLO 2

Sostanzialmente, ognuno di noi e' in grado di creare un'informazione pronta a essere immessa nella Rete e quindi fruita in qualsiasi modalita'.

Nel momento in cui anche io scrivo questo libro, creo un'informazione nuova, metto insieme cognizioni che ho acquisito, esperienze e creo dei contenuti nuovi, del valore aggiunto per voi tutti.

Mi trasformo a tutti gli effetti in un "content provider"...EVVAIII! :-)

Questo punto di vista e' molto importante per il proseguio della lettura del presente libro, in quanto il nodo cruciale sul quale vorrei focalizzarmi e' proprio questo.

Noi siamo gli artefici e i beneficiari dell'informazione.

I modelli che si stanno sviluppando in Rete tendono a premiare il lavoro del singolo, non esiste un organo "supremo" che puo' giudicare, vagliare e intervenire su un'informazione che ha creato uno qualsiasi di noi. La tendenza e' a responsabilizzarci su questo fronte.Noi tutti siamo dei piccoli content provider, con il potete di aggiungere qualita' all'informazione gia' presente in Rete.

Quando pubblichiamo le nostre foto delle vacanze, quando inseriamo i nostri commenti di un certo fatto di cronaca, quando "interagiamo" noi stiamo aggiungendo "valore".

Stiamo dicendo la nostra, stiamo "aggiungendo" qualcosa che prima non c'era.

E di questo ne beneficia tutta la comunita', senz'altro.

Spesso aggiungiamo del valore senza secondi fini, lo facciamo per la nostra naturale tendenza a "condividere" con gli altri e questo e' meraviglioso.

I Content Provider istituzionali, invece, ovvero chi crea informazione con un preciso scopo (istituzionalizzato) sono comunque fondamentali nel processo qualitativo di creazione delle informazioni, ma ricordiamoci di noi stessi, del ruolo che rivestiamo nella creazione dell'informazione, la stessa responsabilita' degli organi ufficialmente riconosciuti .

2.3 Attendibilita' di un Content Provider

Alcuni content provider (ricordo: sia persone che aziende), vengono pertanto considerati **attendibili** e altri meno.

Nel mondo della comunicazione globale in cui viviamo noi occidentali, l'attendibilita' di un content provider e' un fattore determinante perche' venga scelto oppure scartato. <u>Attenzione</u>: **non attendibile non vuol dire bugiardo.**

Se scrivo nel mio blog che la Terra e' piatta, vengo marcato come Content Provider non attendibile, ma magari dentro di me sono convinto che la Terra sia piatta sul serio.

Un esempio estremo e banale come questo pone pero' l'accento su un aspetto cruciale del mondo dell'informazione: **viene, sempre piu' spesso, valutata l'informazione e non chi l'ha creata.**

Ovvero, il mio contenuto "la Terra piatta" verrebbe marcato come "non attendibile" perche', effettivamente, di fisica non ci capisco niente e potrei dire un'eresia scientifica, ma quando parlo di fotografia e consiglio qualcuno su quale reflex comprare il discorso cambia radicalmente.

Quando nel mio blog, allora, consigliero' chi legge di prendere macchine fotografiche Nikon® per alcuni motivi e Canon® per altri, quel mio consiglio sara' ritenuto "molto attendibile".

Non so se mi spiego: la Rete diventa paritetica, senza distinzione di razza o cultura, solo di attendibilita' o popolarita' dell'informazione che vi e' contenuta.

Nel gergo di Internet, ad esempio, ci sono vari modi per mostrare al pubblico l'attendibilita' di un determinato fornitore di informazioni (content provider).

Alcuni esempi tipici possono essere:

- un feedback su un utente eBay®
- una recensione di un libro su Amazon®
- un commento a un post su un blog

2.4 Responsabilita' di un ContentProvider

Oltre all'attendibilita', un argomento fortemente dibattuto e' quello sulla responsabilita' morale e legale dei Content Provider (istituzionali e non) riguardo proprio alle informazioni che mettono in Rete.

La normativa, o comunque la legislazione,e' ancora abbastanza in alto mare, visto che i decreti che hanno punito o espresso giudizio in materia sono dissimili tra di loro e, in alcuni casi, persino incongruenti.

Devo ricordare che alcuni contenuti sono senz'altro piu' "a rischio" di altri di essere sia manipolati o mal interpretati, sia in qualche modo venire valutati dannosi di per se'.

Entrano in gioco la cultura dei Paesi e le tradizioni secolari, talvolta a discapito della Qualita' finale dell'informazione condivisa.

La globalita' di Internet fa si' che certi contenuti che in alcuni Paesi del mondo siano addirittura censurati, in altri facciano la fortuna economica e di immagine dei Content/Service Provider che li erogano.

Ne sono un esempio molto significativo i video e le immagini pornografiche che rappresentano (opinione condivisa da tutti i report statistici del Mondo) il miglior investimento economico che e' possibile fare in Rete.

Altri contenuti, come ad esempio news politiche, commenti sui blog , vengono censurati in Paesi come la Cina, che risentono fortemente di un regime centralizzato che interviene su ogni mezzo di comunicazione con il preciso scopo di limitarne le informazioni erogate.

Come vedremo piu' avanti nel capitolo che riguarda la fruizione delle informazioni, e' anche possibile bloccare alcuni dispositivi (anche Mobile) o inibire certe funzionalita' delle applicazioni che leggano in qualche modo un sottoinsieme delle informazioni create alla fonte.

CAPITOLO 2

Al di la' delle limitazioni legislative sulle quali ancora si sta lavorando nei Paesi di tutto il Mondo, vorrei dare per scontato che esse verranno superate nell'arco di pochi anni. Vorrei poter pensare a Internet come la Rete che unisce noi tutti, fin dallo strato piu' semplice che conosciamo: l'informazione.

Immaginando, quindi, una mega rete dove finalmente saremo liberi di esprimerci dove, quando e come vogliamo; potremo cosi' parlare di responsabilizzazione di quello che facciamo circolare.

Qui vorrei aprire una parentesi di carattere morale: per me la responsabilizzazione dei contenuti "immessi" in Rete e' solo di carattere comparativo con quello che gia' c'e'. A mio modo di vedere, un utente responsabile dovrebbe puntare tutto sul valore aggiunto dell'informazione che sta creando, ovvero se quello che sta immettendo puo' essere di aiuto e fruito da qualcuno senza rappresentare una ripetizione (ridondanza) di qualcosa gia' ampiamente dibattuto sul quale non si sta aggiungendo niente di nuovo.

Non fruire di informazioni esistenti prima di crearle puo' rappresentare un problema serio non solo per noi, ma anche per gli altri ed e' un caso reale di **mancanza di responsabilita'** nel processo di qualita'.

Quello che sto cercando di dire e' che dobbiamo assolutamente evitare la ridondanza dei dati, dei contenuti fruibili.

Il problema qui e' che, duplicando una certa informazione gia' presente in Internet, corriamo il rischio di alterarla quel tanto che basta per stravolgere la realta', cioe' l'originale.

Forse e' piu' semplice descrivere il concetto con un esempio:

CAPITOLO 2

Se riporto sul mio blog la notizia che l'HP® ha rilasciato un nuovo pc portatile con nuove strabilianti caratteristiche, queste sono gia' note e rintracciabili sulla Rete (sicuramente sul sito web dell'HP).

Se faccio l'errore di riportarle sul mio blog e, per distrazione o volontariamente, ne dimentico qualcuna o sbaglio a scriverne un'altra (la RAM dei portatili per esempio), commetto una grave mancanza di responsabilita' nel processo qualitativo dell'informazione. Chi leggera' le caratteristiche del nuovo portatile HP direttamente sul mio sito, avra' un'informazione parziale, difforme dall'originale.

Diverso e' il discorso se annuncio che e' uscito questo nuovo pc portatile, includo il link alla pagina di descrizione prodotto sul sito dell'HP e aggiungo sul mio blog solo dei commenti su ognuna delle caratteristiche.

Diro' che secondo me, ad esempio, la memoria RAM e' insufficiente per applicazioni grafiche e che quindi il portatile in questione non e' adatto all'utilizzo fotografico.

Per contro, il bluetooth incorporato dara' la possibilita' a molti utenti di trasferire i contatti del proprio telefonino in modo semplice e veloce.

Cosi' facendo non avro' ripetuto l'informazione originale (le caratteristiche del pc portatile), ne' tantomeno l'avro' alterata, anzi avro' creato un "valore aggiunto" reale, tangibile.

Si potra' essere o non essere daccordo con questo e lo si esprimera' con un giudizio di attendibilita' delle mie opinioni, **ma l'informazione originale restera' invariata.**

Per ognuna delle due opinioni che ho espresso (RAM non sufficiente e uso del bluetooth), sara' possibile sul mio blog indicare il grado di "utilita'" del commento (inteso come essere daccordo, che l'informazione di fatto sia stata piu' o meno utile).

Questo modo di procedere e' molto responsabile e proficuo perche' consente di migliorare sensibilmente la qualita' dell'informazione presente in Rete e, in generale, il nostro livello di conoscenza.

2.5 Tipologie di ContentProvider

Possiamo individuare nello scenario attuale queste due tipologie di Content Provider:

- Istituzionale
- Non istituzionale

Per **Istituzionale** intendo un creatore di contenuti conscio di quale sia la loro destinazione, in termini di chi rappresenti il mercato potenziale ma anche di quali siano le aspettative dei "consumatori" verso tali contenuti.

Ad esempio, l'Aereonautica Militare e' un content provider istituzionale perche' mette a disposizione quotidianamente le previsioni del tempo a intermediari, agenzie, televisioni, sapendo esattamente che uso questi "fruitori" ne faranno.

Nello svolgere questo servizio, l'Aereonautica Militare ha bene in mente quali siano i requisiti minimi da mantenere che ne attestino la qualita': ovvero, <u>attendibilita' e responsabilita' delle informazioni che verranno pubblicate</u>.

Garantire ai destinatari delle previsioni del tempo una certa uniformita' dei contenuti e ritenersi responsabili di tali informazioni, introduce inoltre il concetto secondo il quale possiamo differenziare i vari content provider: lo **standard.**

*Un creatore di informazioni **che garantisca uno standard qualitativo puo' essere definito istituzionale**, mentre una variazione costante di tali parametri inquadra un content provider come non istituzionale.*

Se io, ad esempio, commento una volta l'anno (non costante) i nuovi pc portatili immessi sul mercato dall'HP, mi trasformo in un content provider **non istituzionale**.

I fruitori che stanno la' fuori (voi utenti della Rete che venite sul mio blog) non si aspetteranno quindi uno standard nelle informazioni che pubblico.

CAPITOLO 2

Piuttosto si aspetteranno dal mio blog **una certa qualita'** nelle news sul settore foto-grafico o in quello della spiritualita', ma **non certo uno standard qualitativo** nei com-menti sui pc portatili.

Anche se la distinzione puo' sembrare sottile, fa molta differenza nel modo con il quale gestiamo le informazioni al giorno d'oggi.

Siamo ancora abituati a ragionare **come se le informazioni fos-sero qualitativamente migliori solo se provengono da un content provider istituzionale.**

Ecco perche' andiamo a leggere i commenti dell'opinionista di grido nel New York Times ®per avere notizie economiche attendibili o dell'"'espertone" fotografico di DPreview.com® per acquistare l'ultimo modello di reflex digitale.

Reputiamo questi content provider attendibili e responsabili perche' sono istituzion-ali, ma tralasciamo molto (troppo) spesso quelle fonti di informazioni non istituzi-onali che invece darebbero un grosso valore aggiunto alle informazioni che stiamo cercando.

Se la Rete e' oggi definita come libera e ricca di informazioni, con il nostro compor-tamento corriamo il rischio di trasformarla in quello che era il Mondo prima del suo avvento: un insieme di gestori istituzionali dell'informazione che davano le direttive su come usufruirne e come relazionarsi con essa.

La qualita' dei dati che creiamo ogni giorno lasciamola giudicare non solo ai content provider istituzionali, ma anche a quelli non istituzionali.

Il Valore Aggiunto dell'informazione e' questo: l'apertura a chiunque della possibilita' di valutare in qualsiasi momento e in ogni luogo l'attendibilita' e la responsabilita' del nostro contenuto.

2.6 Scopo delle informazioni

Sia nel caso dei content provider istituzionali che non, quest'ultimi possono "fornire" le informazioni di cui sono in possesso direttamente all'utilizzatore finale oppure a una struttura intermedia che estrapoli i dati in modo diverso.

Facciamo qualche esempio concreto:

a) Case history: BPVN® (Banca Popolare di Verona e Novara)

b) Case history: iStockPhoto®

Entrambe le aziende citate erogano dei contenuti.

ALTERAZIONE

Nel caso a) supponiamo che la Direzione della banca necessiti di un report delle vendite (ad esempio dei servizi erogati al correntista nell'ultimo trimestre) per valutare quali nuovi modelli di business perseguire nel 2010.

BPVN e' una delle banche italiane piu' significative e degne di nota nell'ambito dei servizi che eroga al correntista. Entra allora in scena un aggregatore di contenuti (la partecipata SGS) che raccoglie i dati grezzi dai vari sistemi aziendali (ERP, CRM, ecc...) e , tenendo in considerazione che la richiesta del report e' arrivata dalla Direzione di BPVN (fruitore della richiesta), **interpreta le informazioni, le filtra, le estrapola, insomma in qualche modo le altera** (pur mantenendo nel report di vendita i dati originali provenienti dalla fonte, ovvero ERP, CRM, ecc...).

iStockPhoto e' il sito Internet dove anch'io, come fotografo, vendo ad esempio le mie fotografie di stock ai grafici che le useranno nelle loro pubblicita'.

Nel caso b) l'informazione, in questo caso una fotografia, viene semplicemente creata (fotografo) e messa a disposizione dell'utente finale (grafico).

Potra' essere certamente pre-formattata secondo dei canoni condivisi della fotografia e/o della grafica pubblicitaria, ma sostanzialmente il dato (la foto) e' reso "in originale" al fruitore (il grafico).

CAPITOLO 2

Potremmo sintetizzare dicendo che la Direzione della banca **elabora il dato grezzo** proveniente dagli analisti per arrivare infine a quel certo servizio pensato per noi correntisti (fruitori delle informazioni analizzate e interpretate).

Considerando che gli analisti e la Direzione sono formalmente due aziende diverse (SGS e BPVN, anche se la prima e' una partecipata della seconda), possiamo classificare questo modello come un B2B2C (business "to" business "to" consumer).

Limitiamoci al report trimestrale di vendite fornito dagli analisti alla Direzione e il modello rimane semplicemente B2B (business "to" business).

Il modello del caso b) e' invece un tipico modello business "to" consumer (B2C) dove istockphoto (creatore di informazioni) fornisce le fotografie direttamente al consumatore finale (il grafico che le compra/fruisce).

Entrambi gli esempi mostrano come dei content provider istituzionali (analisti del caso a)) e non (fotografi del caso b)), modifichino il modo di gestire le informazioni sulla base di una variabile ben nota. Quale?

MERCATO

Il mercato, il pubblico, insomma i destinatari di tali informazioni.

Cerco di dimostrare che non si tratta di un cambiamento dovuto all'essere content provider istituzionali o meno (il che modificherebbe anche la qualita' dei contenuti erogati come abbiamo visto precedentemente), ma piu' che altro dovuto alla conoscenza del mercato.

Conoscere il mercato a cui venderanno qualcosa, induce sia la banca che il sito Istock-Photo a standardizzare il modo di erogare i contenuti, quindi ad accrescere la propria attendibilita' e responsabilita' agli occhi di chi ne usufruira'.

Nel caso a) c'e' inoltre un intermediario che filtra (la Direzione di BPVN non eroga direttamente a noi correntisti le informazioni degli analisti SGS), nel caso b), invece, non esiste nessun filtro.

CAPITOLO 2

Come vedremo anche nel capitolo sulla "fruizione delle informazioni" il mercato (qui l'ho chiamato destinatario) puo' avere una grande importanza per chi le crea.

Nel caso a), per gli analisti il mercato e' ben noto perche' la richiesta del report e' stata ben dettagliata e si conoscono le esigenze della direzione della banca.

Nel caso b), un fotografo "intuisce", "prova" a immaginare quali siano le fotografie richieste dai grafici pubblicitari , ma qui il mercato non e' cosi' noto come nel caso a).

Nel libro, ho cercato di usare delle parole semplici per descrivere questo fenomeno: sintetizzando il concetto, ho chiamato "enterprise" i creatori di contenuti dove il mercato e' ben noto e "consumer" quei creatori dove non lo e'.

Ecco perche', nel caso della banca ho sintetizzato lo scenario in B2B : qui abbiamo dei creatori di informazioni istituzionali (Business) che sanno esattamente quali contenuti si aspetta il loro mercato (Business).

Nel caso di iStockPhoto, invece, abbiamo dei creatori di fotografie non istituzionali (sempre Business) che non sanno esattamente cosa il loro mercato si aspetti (Consumer, i grafici).

Questo per evidenziare che l'informazione viene sempre creata per uno scopo: soddisfare chi la usera'.

Il Mercato dei nostri fruitori di informazioni che noi abbiamo creato e' la' fuori ad aspettare di essere "deliziato" dal nostro valore aggiunto.

Sono la' fuori a indicare chi, dei content provider che fornisce loro dei contenuti nuovi, sia attendibile e responsabile, di chi si fidano per essere informati.

Ecco perche', sia che il nostro creare contenuti sia qualitativamente di buon livello e costante nel tempo (istituzionale), sia che immettiamo sulla Rete contenuti o valore quando ci va (non istituzionale), l'attenzione verso chi sono i nostro fruitori e' fondamentale e non possiamo prescindere da una reale conoscenza del mercato potenziale.

2.7 Creazione "Corporate" delle informazioni

Ma il ruolo dell'informazione non dovrebbe essere quello di informare?

Eh, bella domanda! ;) Non sempre.

O comunque non sempre seguendo un'oggettivita' assoluta . Un content provider istituzionale come BPVN ha delle regole da seguire, un mercato da aggredire.

Insomma non e' esattamente quello che si potrebbe definire un creatore di informazioni disinteressato a dove queste vanno a finire e come vengono usate. Anzi, ha tutto l'interesse a conoscere molto bene i fruitori delle proprie informazioni (i correntisti), come questi le usano, quante volte al giorno, ogni quanto tempo le rinnovano o hanno bisogno di aggiornarle.

FINE DI LUCRO

Viene da se' che, quando BPVN eroga un servizio, lo fa in modo interessato, anche perche' non dimentichiamoci che in questo caso viene creato a fini di lucro.

Tuttavia, la discriminante dei due esempi riportarti in precedenza non e' tanto l'utilizzo commerciale delle informazioni (il report di vendite di per se' non genera introiti per l'azienda), ma tanto il fatto che la conoscenza del mercato faciliti indubbiamente la creazione di Valore Aggiunto.

Viene da se' la domanda: "Se una certa informazione e' palesemente creata e diffusa con un interesse di tipo commerciale, possiamo allora sempre considerarla qualitativamente (attendibile/responsabile) accettabile per chi la usa?"

Certamente si', visto che si viene a creare una sorta di autoregolamentazione di quali contenuti erogare sul mercato e quali no.

Nell'esempio b) di iStockPhoto, se una certa fotografia non piace o, nell'esempio a) un certo servizio bancario non attecchisce, verra' semplicemente sostituito con un contenuto diverso, che abbia un appeal sul mercato maggiore.

CAPITOLO 2

Ecco perche', nei paragrafi precedenti, sottolineavo che l'attendibilita' di un content provider non e' strettamente correlata ne' con la veridicita' ne' con la qualita' intrinseca dei contenuti che eroga. Una certa fotografia potrebbe anche essere tecnicamente errata (fuori fuoco magari), un servizio bancario potrebbe risultare persino svantaggioso in termini economici per noi correntisti, ma se trova il favore di un certo numero di destinatari a cui questi contenuti sono rivolti, il content provider iStockPhoto o BPVN verra' certamente etichettato come attendibile, responsabile e in grado di produrre standard qualitativi alti. *Di fatto, le informazioni si auto-selezionano ai base ai loro utilizzatori.* I modelli sopra descritti non sono sempre fissi e immutevoli: se una certa informazione e' qualitativamente valida, e' probabile che venga anche usata al di fuori del contesto per il quale e' nata in origine.

Mi vengono in mente, ad esempio, i valori dei titoli di Borsa che nascono per essere destinati ai trader esperti del settore, ma che recentemente sono stati utilizzati con esiti diversi anche da persone comuni lanciatesi nel mercato delle speculazioni online.

INTERMEDIARE

Una cosa e' certa: **un'informazione risente del numero di intermediari che si frappongono tra il content provider e i fruitori**. Nell'ipotesi in cui venga effettivamente creato del valore aggiunto intorno all'informazione originale, il destinatario sicuramente avra' una qualita' maggiore di quanta ne avrebbe avuto direttamente dal content provider.

Dall'altro lato della medaglia, se non viene aggiunto del valore all'informazione oggettiva, si rischia di avere una qualita' equivalente o addirittura inferiore a quella che il content provider era gia' in grado di assicurare al fruitore.

Su questo argomento, vedremo meglio le implicazioni degli intermediari nella catena dell'informazione, parlando di applicazioni nei paragrafi successivi.

CAPITOLO 2

Un altro aspetto che caratterizza i contenuti "enterprise" e' la loro attinenza piu' o meno marcata a una **visione aziendale**.

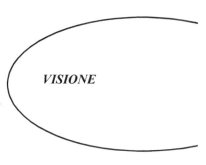

VISIONE

Un'informazione generata all'interno di un'azienda, sia nel caso che sia destinata a un'altra azienda (B2B) o direttamente al fruitore finale (B2C), difficilmente risultera' non conforme alla visione strategica del content provider che la crea (Azienda e quindi interessato, con fini di lucro).

Quella che viene comunemente detta strategia, e' in soldoni la politica aziendale applicata alle informazioni che vengono erogate.

Il management aziendale da' sempre delle linee guida sulle quali far ruotare le informazioni che vengono immesse sul mercato.

Evidentemente, **la visione tiene traccia degli aspetti che ho sottolineato per delineare la propria strategia:** *ovvero del mercato, come alterare le informazioni, come massimizzare i propri tornaconti economici (fine di lucro), quanti e chi saranno gli intermediari nella catena produttiva delle proprie informazioni.*

Una creazione "enterprise" dell'informazione sara' il risultato ottimale di tutte queste variabili, al fine di garantire al fruitore un indice qualitativo e di responsabilita' il piu' elevato possibile, pur rispecchiando la missione e gli interessi dell'azienda.

Non dimentichiamoci che un'azienda ha sempre una "reputazione da difendere" nei confronti del fruitore e che quindi tale indice garantisce la prosperita' o meno del business che ha deciso di intraprendere.

2.8 Creazione "Consumer" delle informazioni

Nell'ipotesi in cui non ci sia necessariamente un fine di lucro e una conoscenza del mercato approfondita, l'informazione viene creata in un modo che ho denominato "consumer". Questa parola e' ampiamente speculata in numerosi contesti e anch'io ho voluto darne una mia interpretazione.

In tal senso, *intendo un utente consumer colui che crea delle informazioni per il proprio interesse (o anche della comunita'), ma senza dover sottostare necessariamente a una visione aziendale o a una logica economica.*

In un certo qual modo noi tutti siamo creatori "consumer" di un'informazione quando scriviamo un post sul nostro o altrui blog, quando scriviamo una canzone e la mettiamo nel nostro sito personale, quando pubblichiamo una foto.

Nel proseguio del libro, vedro' di entrare nel merito di tipologie di informazione diverse che si sono via via affermate sulla Rete, a partire dai "vecchi" siti web , per passare a quelli 2.0, per finire appunto ai blog e ai social network.

Se paragonate al passato, tali modalita' di creazione dell'informazione farebbero impallidire un poeta romano, un drammaturgo greco o, senza per forza citare l'era classica, anche un esperto di comunicazioni della guerra fredda.

Le possibilita' che oggi si offrono alla nostra capacita' innata di creare qualcosa sono innumerevoli, limitate solo dal tempo che decidiamo dedicargli e... forse neanche da quello. Un consumer ormai, con gli strumenti sofisticati di cui puo' disporre dove e quando vuole, e' in grado oggi giorno di superare i limiti imposti dalla tecnologia fino a pochi anni fa.

Ognuna di queste modalita' di creare informazioni su Internet ha caratteristiche proprie , ma spesso e volentieri (tranne quei siti che fanno commercio elettronico) non c'e' quantomeno fine di lucro e nessuna delle variabili che abbiamo visto entrare in gioco invece nella parte "enterprise".

CAPITOLO 2

Vediamo singolarmente gli aspetti cruciali che impattano la creazione dell'informazione lato "consumer":

- Mercato: sia che si tratti di pubblicare una news sul mio blog o far vedere le foto della mia ultima vacanza, e' raro che il creatore consumer conosca la destinazione del proprio lavoro. A unire siti web personali, blog, social network, c'e' un filo conduttore che sembra passare per la passione verso le informazioni, piuttosto che un interesse per chi le fruisce. Si crea qualcosa, si commenta qualcosa perche' ci va, perche' quella e' la nostra aspirazione, nel 90% dei casi senza secondi fini.

- Alterare le informazioni: come nell'esempio dei paragrafi precedenti, un consumer tipicamente non ha nessun interesse nell'alterare le informazioni "originali", quali le caratteristiche dell'ultimo pc portatile dell'HP; diversamente, sara' portato a creare del valore aggiunto, come commentare queste funzionalita', dire se sono in linea con le aspettative, se sfociano in un prezzo competitivo del computer a scaffale.

- Fine di lucro: se commento negativamente le caratteristiche del pc dell'HP non e' perche' ho interesse a vendere i modelli dell'IBM; semplicemente penso di esprimere il mio parere su un certo tipo di informazione che mi interessa, sicuramente non a fini di lucro. Internet a livello personale (consumer) e' ancora a stragrande maggioranza gratuita, nel senso che i contenuti presenti sono accessibili da chiunque e non c'e' quasi mai nessun secondo fine economico in chi li ha pubblicati.

- Intermediari: quello che viene pubblicato sul mio blog lo scrivo direttamente io, ovvero non c'e' nessun filtro o manomissione o interpretazione che entra in ballo; nessuna "visione aziendale", nessun mercato particolare al quale mi preme rivolgermi, semplicemente c'e' una comunicazione diretta tra me e il fruitore finale delle informazioni che voglio creare.

CAPITOLO 2

Come se questi aspetti non bastassero da soli a far capire l'enorme differenza che passa tra un creatore enterprise e uno consumer, non va sottovalutato un aspetto molto importante. Il primo lo fa di lavoro, il secondo lo fa per piacere: il piacere di informare, di divertirsi, di condividere con altri le proprie esperienze, le proprie creazioni. Un utente consumer viaggia sulla Rete nel tempo libero, alla ricerca di nuovi stimoli, di informazioni che lo arricchiscano dal punto di vista emotivo.

Mi sembra una differenza abissale con chi diversamente lavora sulle informazioni a livello enterprise per portare a casa lo stipendio :)

Senza nulla togliere a questa seconda categoria (di cui anch'io faccio parte), ribadisco l'importanza, ormai sempre piu' pressante, di dare credito ai content provider non istituzionali, ai cosiddetti creatori consumer, anche se ne ho spiegato le eccezioni.

Non e' una questione di enterprise o consumer, il problema si riduce al discorso se l'informazione aggiunge del valore alla nostra conoscenza o no.

Inoltre, ci sono delle casistiche in cui un'azienda (creatore enterprise) non rispetta volontariamente le regole che si attribuiscono normalmente ai content provider istituzionali. Se pensiamo che affidabilita' e responsabilita' dei contenuti proposti siano caratteristiche indispensabili per un'azienda, talvolta ci sorprendiamo a verificare che non sempre e' cosi'.

Ecco che diventa fondamentale poter individuare questi "creatori" di informazione un po' particolari e, in qualche modo, etichettarli nel modo che ci sembra piu' opportuno.

Se rintracciarli e' un concetto che, grazie ai motori di ricerca, ci sembra ormai banale e assodato, dare dei giudizi personali ed etichettare dei contenuti o dei content provider lo e' un po' meno.

Nel prossimo capitolo, vediamo insieme quali strumenti la Rete ci mette a disposizione. per queste due nostre esigenze.

2.9 Creatori "sempre e comunque" (Lore', ti sei scordato il Mobile!!!)

Nell'epoca del mobile, e' possibile creare contenuti sia quando ci mettiamo i panni del consumer che l'enterprise.

In entrambe le casistiche che ho descritto precedentemente, la possibilita' di lavorare o semplicemente arricchire il mondo di informazioni da qualsiasi luogo e in ogni momento della giornata, e' diventata quasi irrinunciabile.

I teenager di oggi, cresciuti in anni in cui la miniaturizzazione della tecnologia si da' per scontata, tendono a far scomparire le vecchie barriere tra quei dispositivi elettronici adatti a stare "fermi" e quelli che ci si puo' portar dietro facilmente.

La risposta che ci davamo fino a qualche anno fa: "questo lo faccio quando arrivo a casa/ufficio" ormai e' obsoleta.

Il Mobile ci sta aprendo nuovi orizzonti.

Naturalmente, essendo un modo di gestire l'informazione molto giovane, ci sono sostanziali differenze tra il Mobile e il mondo "fisso", dove quest'ultimo consente ancora delle funzionalita' e un controllo su di essa maggiore.

La differenza si sta assottigliando e operazioni che fino a qualche anno fa sembravano complesse "in movimento", come ad esempio la lettura delle email o del giornale in treno, oggi sono la realta' quotidiana di molti di noi.

Come approfondiro' nei capitolo successivi, l'importante, per chi pensa al mondo Mobile in termini di cosa sia possibile farci, e' ragionare sia sulla compattezza di questi dispositivi (in termini di grandezza dello schermo, dei tasti), sia sulla facilita' d'uso.

Cio' che ha impedito fino a oggi una diffusione su larga scala dei dispositivi mobili per creare informazioni, e' stato senz'altro il non aver tenuto in giusta considerazione questi aspetti.

CAPITOLO 2

Quando finalmente si e' capito che in movimento le operazioni che si possono fare con facilita' sono sicuramente minori rispetto a quelle comodamente seduti alla scrivania o al pc di casa, ecco che sono nati dispositivi in grado di semplificare notevolmente queste operazioni anche per l'utente meno esperto. *Alcune delle caratteristiche salienti che descrivono un dispositivo mobile sono:*

- **tastiera**: e' piuttosto scomodo scrivere quando non si e' in un posto stabile, pertanto dev'essere possibile poter individuare con facilita' le lettere dell'alfabeto e i caratteri che vogliamo usare; ecco che l'uso del pennino touch screen non e' sicuramente una buona scelta per chi vuol scrivere un'email piuttosto articolata o un testo di una certa entita'; e' un'ottima scelta piuttosto, adottata oggi da un numero crescente di societa' produttrici di palmari/smartphone, l'utilizzo di una tastiera Qwerty (la stessa del pc). Cio' consente di ritrovare le lettere dell'alfabeto anche senza guardare il dispositivo (non lo fate alla guida dell'auto come faccio io pero'! :))

- **schermo**: la tipologia di informazioni che ci si trova a dover creare in movimento influenza molto le caratteristiche dello schermo dei nostri desideri; per chi, come nell'esempio sopra, si trova a dover scrivere molto testo (come nel caso delle email), e' importante che i font (caratteri) siano di buona lettura e la dimensione dello schermo tale da consentirne una resa grafica adeguata; a questo proposito alcuni degli schermi nati all'inizio del millennio erano addirittura a fosfori verdi, forse graficamente non eccelsi ma con una resa e un risparmio della batteria del palmare davvero eccezionali.

- **interfaccia**: trattandosi di oggetti molto piccoli, solitamente, una cura particolare delle societa' produttrici e' rivolta ai menu di navigazione o comunque al modo col quale ci si sposta per interagire con le applicazioni del palmare; in tempi recenti, sembra aver preso molto piede un tipico puntatore come il mouse del pc, comandato da rotelline, touchpad a pennino o touchscreen

CAPITOLO 2

- **autonomia**: essere in movimento e' un concetto che va chiarito meglio, in particolare si dovrebbe definire se siamo in movimento per tanto tempo oppure per brevi periodi della giornata; usare uno schermo a una risoluzione molto elevata, piuttosto che sfruttare molte delle caratteristiche di ultima generazione dei palmari, comporta un consumo della batteria molto alto; sebbene la gestione dell'autonomia e' sicuramente un settore dove si e' ottimizzato molto, resta uno dei limiti forti all'utilizzo dei dispositivi mobili se paragonati a quelli cosiddetti "fissi".

- **obsolescenza**: quando un utente abituato a creare contenuti, sia enterprise che consumer, ha fatto una scelta ponderata del palmare che usera' in movimento, non vedra' certamente di buon grado tornare sui suoi passi, scegliendo un nuovo modello a distanza di pochi mesi; ricordo che qui sto parlando di chi crea le informazioni, probabilmente per chi le fruisce (come vedremo piu' avanti) il discorso cambia; diventa pertanto essenziale che si scelga un modello di device mobile in grado di garantirci una certa durata nel tempo, in qualche modo con ROI (Return Of Investment) elevato (il concetto e' che si e' scelto quel certo palmare perche' ci fa creare informazioni in liberta' e con tutta una serie di caratteristiche che noi apprezziamo, quindi non ha senso perdere dei mesi a imparare a usare il 100% delle funzionalita' del palmare per sostituirlo di li' a qualche giorno)

Questi discorsi sono applicabili anche a dei dispotivi "ibridi" come i pc portatili che nascono traendo spunto dai pc fissi, ma con una compattezza e trasportabilita' maggiore. Per altro, caratteristiche come quelle elencate sono valide sostanzialmente per i palmari, i veri dispositivi "mobile" per eccellenza. Con le dovute eccezioni, possiamo considerare anche i loro fratelli minori, i cellulari, come dei dispositivi per creare informazioni in movimento e in ogni momento; resta il fatto che i palmari, essendo proprio l'unione tecnologica di pc e cellulari, rivestono il ruolo di leader tra i dispositivi "mobile".

CAPITOLO 2

Il dispositivo mobile che scegliamo per creare le informazioni e' molto importante perche' non deve andare a inficiare sulla qualita' di tali contenuti.

Se io fossi il vostro capo e mi sentissi dire da voi che non avete consegnato una buona stima delle vendite dell'ultimo trimestre solo perche' non avevate con voi il vostro pc portatile, mi arrabbierei molto :) *E' necessario usare lo strumento adeguato per creare l'informazione adeguata.* Creare dati, come ad esempio l'email, e' diventato cosi' semplice che lo strumento che si usa, sia esso il pc portatile o il palmare di ultima generazione, e' indifferente.

Per altre informazioni, come puo' essere una canzone o un report di vendite, e' piu' semplice sedersi alla nostra scrivania con un pc fisso e usare quello, potendo beneficiare di una posizione comoda, rilassata, senza disturbi esterni e con un monitor ampio dove "produrre". Alcuni esempi di dispositivi mobili sono:

- palmare
- computer portatile
- lettore mp3
- telefono cellulare

Il parco "mobile" permette di gestire le informazioni in movimento.

Ovviamente, quando ci si sposta si devono tener conto fattori che in casa o in ufficio riterremmo secondari, come la dimensione dell'oggetto che usiamo o la sua facilita' d'uso.Un oggetto che ho elencato garantisce i migliori risultati per quanto riguarda l'ingombro e la facilita' d'uso: il lettore mp3 per ascoltare musica in movimento.

La risposta che mi sono dato e' che consente pochissima interattivita' con l'utente, quindi la sintesi che ne ho ricavato e' che meno gestisco l'informazione in movimento e piu' piccolo puo' essere il dispositivo che uso.

2.10 Dagli Indici al Tagging (quantita' delle informazioni)

Riadattando una vecchia pubblicita' in voga negli anni '80, potrei fischiettare un motivetto che fa grosso modo: "Le informazioni sono tante, milioni di milioni...".

La Rete ci ha consentito di condividere milioni di dati, una cifra impressionante di informazioni che abbracciano tutto lo scibile umano, del passato, del presente e anche del futuro.

Qualsiasi contenuto creiamo, come azienda o nel tempo libero, a fine di lucro o meno, andra' a riversarsi "potenzialmente" nel calderone delle informazioni disponibili del bacino di utenti della Rete.

Il termine "potenzialmente" e' d'obbligo per i seguenti motivi:

- potremmo aver voluto creare una certa informazione **senza nessuna intenzione di condividerla**

- ci sono dei **vincoli di sicurezza o privacy** che ci impediscono di divulgare tale informazione se non, al limite, a un gruppo ristretto di utenti

- **non riusciamo a riassumere in pochi concetti** la nostra informazione perche' qualcuno sia in grado di trovarla

Tranne il primo caso, sia nel secondo che nel terzo e' molto importante sapere come gestire questa mole di dati che stiamo creando.

A maggior ragione poi, diventa fondamentale saperlo se il nostro scopo (ripeto sempre: come privati/consumer o come aziende/organizzazioni) era proprio quello di condividere l'informazione con altri.

Agli albori di Internet, era gia' attuale la necessita' di razionalizzare questa mole di testo, foto, musica, ecc... ; i Motori di ricerca hanno sicuramente dato un'impronta indelebile nel colmare questa lacuna.

CAPITOLO 2

La necessita' piu' impellente era ed e' quella di poter cercare informazioni per "parole chiave".

Nessuna definizione su Wikipedia, ma parole "chiave" sostanzialmente perche' danno accesso ai contenuti pertinenti alla o alle parole che si stanno cercando.

All'interno di un qualsiasi frammento di testo, immagini, documenti, i motori di ricerca "sbirciano e s'insinuano come ragni" (da qui il termine "spider" in voga nei primi anni di Internet) alla ricerca di tutte quelle parole o insieme di parole che potrebbero essere ricercate dagli utenti.

I motori di ricerca di questo tipo tengono traccia di tutte le parole che trovano in una banca dati enorme che viene costantemente aggiornata.

Va' da se' quindi che, nel primo caso che ho citato, per non condividere le informazioni che abbiamo creato con gli altri, e' sufficiente non farle trovare dai motori di ricerca.

Le informazioni sono talmente reputate importanti nell'era moderna che ormai alcuni virus informatici hanno l'unico scopo di "captare" (leggi "rubare") informazioni degli utenti dal web, sfruttando la "non protezione" di questi dati a discapito della loro sicurezza e riservatezza.

Questa pratica va sotto il nome di "phishing".

Informazioni, in questi casi, non solo confidenziali come codici bancomat , numeri di telefono privati, ma anche ritenute "interessanti" come su quali siti Internet navighiamo quotidianamente, quali sono i nostri hobbies, se abbiamo sottoscritto o meno una polizza di assicurazione vita.

In quest'esempio, e' abbastanza ovvio che ognuno di noi sta attento a non mettere su Web dati di questo valore, ma il solo fatto di essere connessi a Internet e' sufficiente perche' tali virus "entrino" nel nostro pc sprotetto da un software di controllo e "sparino" queste informazioni chissa' dove.

CAPITOLO 2

E' nato un vero e proprio "commercio clandestino" delle informazioni.

In questo libro cerco di diffondere la conoscenza di cosa sono e di come utilizzarle al meglio anche per impedire simili usi fraudolenti o inappropriati di questa ricchezza di cui siamo in possesso.

Tuttavia, se abbiamo creato volutamente dei dati per essere condivisi, avremo tutto l'interesse a che' gli "spider" trovino le pagine su Internet o i file dove li abbiamo messi. Il WWW (World Wide Web) funziona da contenitore della stragrande maggioranza dei contenuti della Rete.

Finora abbiamo potuto contare sul fatto che esistessero dei motori di ricerca tematici, dal nome non molto originale di **web directory**, oppure **a pagamento** dove poter promuovere i propri contenuti a fronte di una certa somma da versare.

Sebbene queste tue tipologie alternative siano ormai inglobate nei popolari motori di ricerca per parole chiave, come Google o Yahoo, vedremo piu' avanti che *si sta diffondendo un nuovo tipo di ricerca* molto utile sia per contenuti enterprise che consumer. Rimanendo pero' sempre nell'ambito delle parole chiave, come creatori di contenuti abbiamo la possibilita' di dare un "aiutino" ai motori di ricerca tradizionali: possiamo cioe' inserire delle **parole chiave in piu'** rispetto a quelle che il motore gia' troverebbe nei nostri contenuti (dentro la pagina web o nei file che la compongono).

Tali parole vanno sotto il nome di **"metakeywords"** e fanno parte del codice (HTML, HyperText Markup Language) che descrive una qualsiasi pagina web della Rete.

Ci sono aziende specializzate nella conoscenza d'uso delle metakeywords perche', come ho gia' ribadito piu' volte, l'importante e' "esserci" (riferito ai contenuti) e questo ha fatto la fortuna di chi sa come farvi "esistere in Rete".

Se abbiamo fatto un buon lavoro con le metakeywords e vagliato le possibilita' offerte da web directory e motori a pagamento, quelli a parole chiave sono la nostra piu' importante risorsa per condividere i dati che abbiamo creato.

CAPITOLO 2

Uno dei motori di ricerca per parole chiave, molto conosciuto negli anni '90, e' sicuramente Altavista®: esiste ancora oggi ed e' reperibile all'indirizzo http://us.altavista.com/

Questo motore di ricerca, cosi' come altri simili di quel periodo, cercava di catalogare e "indicizzare" le informazioni avvalendosi solo del contenuto della pagina in questione.

Se cercavo "Mobile per tutti", ad esempio, mi sarebbero subito balzati agli occhi nei primi posti della mia ricerca quei siti che avessero parlato piu' o meno esplicitamente di queste tre parole, magari includendo anche qualche sito web che parlava di "mobilio" per la nostra camera da letto :)

L'effetto di questo modo di creare degli indici per i dati in circolazione sulla Rete non accontentava tutti, visto che era necessario conoscere le parole pressoche' esatte che si stavano cercando e si doveva re-iterare la "query" piu' volte per trovare finalmente il contenuto di interesse.

Google® ha portato l'innovazione che serviva: ha introdotto il concetto di **"popolarita'"**, ovvero le ricerche tenevano anche conto di quanto una certa pagina (o un certo sito) erano visti (popolari) tra gli utenti della Rete.

Nell'esempio precedente, se il mio blog che contiene la parola "mobile" e' il piu' visto del mondo, balzera' alle prime posizioni delle ricerche Google, anche se tali ricerche includerebbero le altre 2 parole chiave "per tutti".

Si cerca, cioe', di "premiare" la notorieta' del sito o di alcune pagine web specifiche che lo compongono, dando per scontato che, se cosi' tanti utenti lo visitano alle ricerca di qualcosa che riguarda il "mobile", sia comunque un sito molto interessante, anche se poi non si troveranno esattamente le parole "per tutti".

CAPITOLO 2

Questo diverso approccio all'informazione ha rivoluzionato la Rete, ha portato finalmente un grosso accrescimento dei vantaggi di usare un network mondiale che potesse gestire in maniera intelligente anche una mole enorme di dati.

Per molti anni, il concetto di indicizzare l'informazione ha permesso a Google di trarre numerosi benefici economici da questo algoritmo; tutti, in pratica, sapevano quanto fosse importante comparire nelle prima pagine di una certa ricerca fatta su Google. Non comparire nelle prime 10 pagine, equivaleva letteralmente a "non esistere": "se Google non ti trova, tu non sei mai esistito" ci raccontavano gli uomini marketing dell'informazione nell'era digitale.

Ecco che, magicamente, sono stati introdotti dei Servizi a Valore Aggiunto quali i banner pubblicitari sulle pagine del popolare motore di ricerca; il concetto era che, ognuno iniziera' molto spesso la navigazione web partendo da un motore di ricerca ed e' importante che il mio sito, la mia azienda o comunque la mia informazione, compaia nelle prime pagine, magari in una forma accattivante come un banner pubblicitario. Ancora meglio, i banner sono contestualizzati, ovvero mi comparira' la pubblicita' al mio blog solo se qualcuno digita "mobile" su Google.

L'effetto controproducente dell'indicizzazione dell'informazione, e' tuttora il fatto che essa e' piuttosto statica: Google, cosi' come altri motori di ricerca analoghi nel funzionamento, hanno un "cluster" immenso di computer dedicati a svolgere questo compito, con un algoritmo che organizza in tempo reale milioni e milioni di informazioni. Ma neanche questo modo di gestire i dati, e' ormai adeguato alla mole che circola sulla Rete e, soprattutto, c'e' una sempre crescente voglia di dinamismo e, neanche a farlo apposta **di personalizzazione della fruizione dell'informazione** (di cui parleremo meglio nel prossimo capitolo).

Ecco, dunque, che nascono i **"tag"**, di cui la nostra inseparabile amica online Wikipedia, da' questa definizione:

CAPITOLO 2

*Un **Tag** è una parola chiave o un termine associato a un "pezzo" di informazione (un'immagine, una mappa geografica, un post, un video clip ...), che descrive l'oggetto rendendo possibile la classificazione e la ricerca di informazioni basata su parole chiave. I tag <u>sono generalmente scelti in base a criteri informali e personalmente dagli autori/creatori dell'oggetto</u> dell'indicizzazione.*

*Questa si' che e' una rivoluzione: "**dagli autori/creatori dell'oggetto**", cioe', dell'informazione. A me sembra incredibile!! Non trovate?*

La possibilita' di chi crea l'informazione di "aiutare" chi la cerca direttamente e senza "intralci", senza interpretazione, e' semplicemente fantastica: a mio avviso una svolta epocale nel mondo della Rete.

Nella definizione di Wikipedia, si riporta nel titolo, anche alla parola "Tag" tra parentesi "Metadato", ovvero si sta dicendo che le parole chiave che il creatore dell'informazione "appiccica" a quest'ultima non sono informazioni esse stesse ma la etichettano in qualche modo, servono a rintracciarla (il concetto di metakeywords e' molto simile in questo ambito). Uno dei siti che ha fatto da capostipite all'utilizzo del **tagging delle informazioni** e' senz'altro YouTube®, il popolare sito web che raccoglie migliaia di contenuti audio/video realizzati da chiunque. Sfruttando i tag, un utente indicizza i propri filmati con le parole chiave che preferisce, quelle che pensa siano digitate da un altro utente interessato all'argomento. Tecnicamente parlando, ognuno e' cosi' in grado di far trovare il proprio video nella modalita' che preferisce, esattamente come si fa con le inserzioni pubblicitarie o quando comunque si vuol attirare l'attenzione di qualcuno su una propria realizzazione.

CAPITOLO 2

Ecco che l'utente diventa molto responsabilizzato nella gestione delle informazioni.

Nella percezione globale del grado di affidabilita' e responsabilita' di un Content Provider (vi mancava questa parola eh?!), non si puo' trascurare lo sforzo che quest'ultimo possa aver fatto per far semplicemente trovare i propri contenuti a chi naviga la Rete.

Usare dei tag appropriati , agganciati ai dati che abbiamo messo su Internet, e' un modo molto veloce per assicurarci che siano visti da chi e' interessato.

Come abbiamo visto nella definizione di Wikipedia, un tag e' di fatto una parola chiave, con la differenza che, mentre quest'ultima viene automaticamente catalogata dal motore di ricerca, con un tag e' il creatore di quel contenuto che si prende la responsabilita' di circoscriverlo, descriverlo meglio, insomma arricchirlo di dati virtuali (metadati) per poter essere meglio trovato.

Un altro vantaggio dei tag, se confrontati con le semplici parole chiave, e' che sono dinamici, in quanto possono essere modificati in qualsiasi momento dal loro autore, con la garanzia che, al successivo passaggio dello spider del motore di ricerca, l'intero catalogo verra' aggiornato.

Giusto a titolo esemplificativo, se l'espressione "mobile per tutti" tra 2 mesi non fara' piu' "trend" tra un certo tipo di utenti con i quali vorrei condividere certe informazioni, sostituiro' i tag presenti nel mio blog con qualcosa di piu' alla moda tipo "mobile in liquidazione" :)

Ho fatto di proposito questa battuta per sottolineare che non e' importante che i tag descrivono semanticamente o esattamente il contenuto a cui si riferiscono; e' l'autore che si prende tale responsabilita', al fine di migliorare la qualita' globale dei contenuti.

Vi ricordo Qualita' = Affidabilita' + Responsabilita'

2.11 Geolocalizzazione e Geotagging

Un ulteriore sviluppo nell'era digitale e' stato senz'altro la possibilita' di conoscere la posizione esatta di un certo utente sulla Rete.

Il fatto di sapere esattamente l'ubicazione ha spesso un ruolo determinante per la cosiddetta "user experience", ovvero nel dare all'utente Mobile le informazioni contestualizzate all'ambiente in cui si trova.

L'apparecchio elettronico che permette tutto questo e' il **GPS** (dall'inglese Global Positioning System), un sistema ormai standard che si appoggia alla fitta rete di satelliti geostazionari in orbita intorno al nostro pianeta.

La posizione dell'utente, in relazione a quella dei satelliti, determina in modo praticamente puntuale (con uno scarto di pochi centimetri) non solo le coordinate spaziali di latitudine e longitudine, ma anche quelle di altitudine.

Insomma: sia che vi troviate in un bunker anti-atomico a sorseggiare un drink, sia che stiate ammirando la vetta del Monte Bianco, "lui sa".... il sistema GPS conosce esattamente in quale centimetro quadrato siete in quel momento (ma solo se glielo permettete!) :-)

Alla faccia della privacy, direte!! Effettivamente, e' un argomento molto dibattuto.

In effetti tutti i dispositivi mobile in circolazione hanno la possibilita' di disattivare il GPS in qualsiasi momento: questo basta per sentirsi protetti da intrusioni nella nostra privacy?

Certamente no!

I nostro operatori telefonici, infatti, sebbene non usino la tecnologia GPS per localizzarci, riescono a conoscere comunque la nostra posizione con la cosiddetta **"triangolazione del segnale"** emesso dai nostri dispositivi mobili.

CAPITOLO 2

Dovendosi necessariamente connettere alla rete dati dell'operatore telefonico, un palmare ad esempio "comunica" in tempo reale la sua posizione alle celle (i ponti radio, tanto per capirsi) che gli forniscono il servizio.

Cosi' facendo, usandone almeno tre (da qui il termine triangolazione), *si riesce a risalire all'esatta ubicazione del dispositivo mobile.*

Se da un lato questo sopperisce ai problemi legati al GPS, quando il segnale e' debole oppure completamente assente, dall'altro ci espone a un controllo costante della nostra posizione spesso indesiderato.

Tale tecnologia di triangolazione viene mantenuta in essere anche per questioni di sicurezza pubblica, in quanto casi di emergenza o di pertinenza delle forze dell'ordine potrebbero notevolmente beneficiarne.

Quando la geolocalizzazione e' ben accetta dall'utente mobile e non esistono problematiche legate alla privacy, e' sicuramente un ottimo vantaggio conoscerne la posizione.

In primo luogo, *si possono "correlare" le informazioni create in movimento di dati geografici utili* sia in tempo reale, che in un momento successivo.

Si pensi ad esempio ai giornalisti o ai fotoreporter e al fatto che non debbano piu' indicare alla propria redazione la posizione esatta a cui si rifescono gli articoli o le fotografie che stanno inviando.

Dotati di un GPS a bordo del proprio pc portatile o della macchina fotografica, tale informazioni saranno gia' incluse insieme a testo e immagini.

Le coordinate di latitudine, longitudine sono come un'impronta digitale, perche' in taluni casi distinguono chiaramente chi sta generando quei dati: pensiamo a un negozio o a un certo ristorante che hanno una posizione spaziale fissa.

Quando creeranno dei contenuti (lo sconto sulle scarpe, il menu di oggi,) sapremo esattamente da chi provengono sfruttando una precisissima geolocalizzazione).

CAPITOLO 2

Come sto cercando di delinare, l'argomento della creazione delle informazioni a valore aggiunto gioca un ruolo di primo piano nel periodo storico che stiamo attraversando.

Il concetto che, grosso modo, mi sembra di intravedere e' il seguente:

"Cerchiamo di dare sempre del valore aggiunto alle nostre informazioni: quello che riusciamo a automatizzare facciamolo, di modo che l'essere umano si possa concentrare sulle informazioni che invece la macchina non riuscirebbe a fornire".

La posizione e' una di quelle informazioni a valore aggiunto che sicuramente stiamo riuscendo a automatizzare con l'utilizzo del GPS o della triangolazione su base cella.

Azzardare un'ipotesi sul futuro diventa a questo punto un esercizio che mi voglio permettere di fare...Immagino che di qui a poco tempo ognuno di noi, all'atto di creare dei contenuti, sia automaticamente "individuato" dalla tecnologia che sta usando in quel momento. In casa o in ufficio, dei quali ad esempio si conosce la posizione esatta, bastera' fornire le nostre credenziali come persone fisiche (anch'esse automatizzabili con tecnologie esistenti quali le impronte digitali) e beneficieremo di informazioni geolocalizzate relative a cio' che facciamo abitualmente in questi luoghi.

Nel caso specifico, quando dico "informazioni" allargo il concetto anche a tutti quei dati/servizi che ci possono far comodo in un certo posto, ad esempio quella o quell'altra applicazione sul dispositivo che stiamo usando.

Supponiamo ad esempio di essere alla stazione dei treni per lavoro e di non aver avuto tempo di consultare l'orario perche' siamo usciti di tutta fretta: l'applicazione che gestisce l'orario dei treni localizzerebbe in quale citta' siamo e, magari sfruttando altre informazioni note come in quale citta' abitiamo, potrebbe fornirci i treni in partenza nella prossima ora e anche arrivare al punto di comprarci il biglietto.

CAPITOLO 2

Addirittura, potremmo pensare che l'icona del programma che gestisce l'orario dei treni *si sposti tra quelle in primo piano* cosi' da facilitarci il compito nel caos della stazione.

Quello che vi sto raccontando non e' tratto da un romanzo di fantascienza, ma gia' realizzabile con le attuali tecnologie.

Altri esempi che mi vengono in mente sono il *disporre di informazioni geolocalizzate "prima" di creare* il contenuto.

Se mi trovo in una citta' per turismo e volessi fotografarne i monumenti o gli edifici caratteristici, una funzionalita' che sicuramente troverei gradita sarebbe quella. inclusa nella macchina fotografica , che all'atto di inquadrare un certo soggetto essa mi indicasse sul display le informazioni che riesce a reperirne.

Del Duomo di Firenze, mi potrebbe suggerire che c'e' un'ottima vista per scattare dal Campanile di Giotto o dal Piazzale Michelangelo, informazioni molto utili al fotografo che sta immortalando il monumento.

Esempi di questo tipo ce ne sono a bizzeffe, ma spero di aver reso l'idea :)

Se pensate di unire semplicemente le vostre coordinate spaziali a dei contenuti da voi creati, arricchendoli poi di quegli utilissimi Tag si cui parlavo al paragrafo precedente, ecco che state valicando l'ultima frontiera in fatto di creazione delle informazioni:

il GeoTagging.

Wikipedia, ahime', non riporta ancora nulla con la parola "Geo-Tagging"!!

Ce la scrivete voi una definizione? Sarebbe stupendo, andate sulla popolare enciclopedia e citate pure questo mio libro come fonte di informazioni, no? :-)

CAPITOLO 2

Un certo dato "geotaggato", alla stregua del tagging tradizionale, consente al creatore di informazioni una notevole liberta' espressiva e la possibilita' di arricchire i propri contenuti con un valore aggiunto, come la posizione, altrimenti molto difficile da sfruttare. Per capire meglio il concetto, mi appoggio nuovamente a un esempio che trovo significativo: supponiamo di descrivere il lavoro che un agente di vendita, in ambito enterprise, svolge sul campo.

Questo genere di attivita' vanno comunemente sotto il nome di Sales Force Automation che indica, in modo chiaro e lampante, quanto sia importante "facilitare" (automatizzare) il compito di un venditore quando si trovi a diretto contatto con il cliente. Per esempio, ormai sono di gran moda applicazioni per il mondo Mobile che consentono di inserire gli ordini di vendita direttamente da un palmare.

*Se la geolocalizzazione dell'agente di vendita, aiuta gia' molto le aziende a sapere per quale cliente stanno ricevendo quel particolare ordine, **il geotagging potrebbe addirittura rappresentare la svolta** che tutti si attendono in questo campo specifico del mondo enterprise.*

Infatti, il commerciale potrebbe fornire alla sua azienda, in tempo reale e senza particolari sforzi dal punto di vista pratico, informazioni cruciali su quel cliente a un sistema che le possa elaborare (come un CRM, di cui parleremo meglio piu' avanti).

Una delle informazioni "cruciali" di notevole interesse, sia per fidelizzare il cliente in seguito che per massimizzare i profitti, potrebbe essere quella relativa alle caratteristiche "umane" delle singole persone che si stanno incontrando per portare a termine l'ordine di vendita. Poter memorizzare le coordinate "spaziali" di ogni ufficio e assegnare un geotag come "questo e' l'ufficio dell'IT Manager, al quale piacciono sicuramente i palmari che vogliamo vendergli, ma da qui non ha sufficiente segnale dell'operatore per provarli",

CAPITOLO 2

e' un'informazione di vitale importanza.

La conseguenza sara' che, la prossima volta che l'agente andra' a far visita all'IT Manager, si ricordera' di invitarlo a prendere un caffe' al bar aziendale e li', dove invece c'e' "5 tacche" di segnale pieno dell'operatore telefonico, gli chiedera' molto abilmente come si sta trovando con i palmari in prova.

Un altro caso reale di utilita' del geotagging potrebbe essere, stavolta sul piano del creatore di informazioni consumer, commentare una certa fotografia che stiamo scattando a un monumento.

Riprendendo l'esempio sopra, se la geolocalizzazione ci aiuterebbe a sapere che la miglior vista del Duomo di Firenze si ottiene dal Piazzale Michelangelo, mentre facciamo la foto potremmo voler descrivere il nostro scatto con i tag "cielo coperto" (per chiarire come mai i colori econo cosi' sbiaditi), oppure "ottima visuale" (se effettivamente siamo soddisfatti di quello che si vede dal Piazzale Michelangelo).

Se pubblichiamo questa foto sulla Rete e un altro fotografo in gita a Firenze la vede, il geotag "cielo coperto" lo aiutera' per esempio a scegliere una giornata con molto piu' sole della nostra per avere colori brillanti della Cupola del Duomo.

Analogamente, si fidera' magari del nostro geotag "ottima visuale" per recarsi al Piazzale Michelangelo e effettuare la foto dalla stessa angolatura che abbiamo consigliato noi.

Il Geotagging, fatto con un uso accorto dei geotag appropriati quindi, aggiunge valore alle informazioni che abbiamo creato.

Una sfida per i motori di ricerca sara' rappresentata in futuro dal geolocalizzare i propri database, ovvero fornire risposte "geolocalizzate" ai propri utenti: se cercassi "scarpe" come parola chiave e mi trovassi fisicamente a Milano in quel momento, dovrei/potrei ottenere risultati molto diversi che effettuando la medesima ricerca a Firenze.

CAPITOLO 2

Geolocalizzazione e GeoTagging andranno, insomma, a compensare le attuali lacune del concetto di "popolarita" di una certa informazione che abbiamo descritto precedentemente.

Se e' vero che quel certo negozio di scarpe a Milano e' molto popolare e rappresenta uno dei siti piu' cliccati dai suoi cittadini, e' probabile che a Firenze questo non sia piu' vero (Geolocalizzazione).

Allo stesso modo, per la stessa catena di negozi di scarpe, potrei scoprire cosa pensano i teenager del negozio di Milano mentre trovare opinioni completamente opposte delle donne tra i 25 e i 35 anni riguardo al negozio di Firenze (Geotagging).

In quale dei vostri sogni tutto questo era possibile? :-)

Prima delle tecnologie attuali era possibile ottenere questo livello di Qualita' delle informazioni?

La risposta e' un semplice, pacato e drammatico allo stesso tempo... NO!

2.12 Intervista a Stefano Forzoni (BBWorld.info)

Che dire?! Stefano non ha bisogno di presentazioni: specialmente e' il blogger dedicato al mondo BlackBerry piu' famoso in Italia...e non aggiungo altro :-)

breve CV di Stefano

Nato alla fine degli anni 70 in un piccolo paesino Toscano Stefano si appassiona al mondo Mobile grazie al lavoro che svolge presso un gestore di telefonia mobile nazionale ed in particolare la sua attenzione è calamitata dalla pittaforma BlackBerry, vera rivoluzione del primo decennio del nuovo millennio.

La curiosità per la piattaforma lo porta ad aprire, nell'ottobre 2006, la prima community Italiana interamente dedicata a BlackBerry (bbworld.info) del quale a tutt'oggi è Community Manager. Considerato ad oggi una delle personalità più eccentriche e competenti sull'universo mobile nazionale, Stefano pubblica nel 2009 il suo primo libro (BlackBerry al 100% - Hoepli), panoramica/guida sul mondo BlackBerry e sulla filosofia che lo "sostiene".

1. **Come vedi il mercato della telefonia mobile nei prossimi 2 anni?**

Per immaginare quello che sarà tra due anni guardo quello che è successo negli ultimi due. Il Mobile ha "invaso" la quotidianità in maniera incredibile, nei prossimi due anni continuerà certamente su questo trend ma ancora più velocemente. Non pensiamo tuttavia ad una corsa al dispositivo più performante, il core di tutto lo sviluppo saranno le piattaforme e le applicazioni che vi gireranno sopra. Assistiamo già oggi ad una "rincorsa" all'applicazione quasi spasmodica; nel prossimo futuro vedo applicazioni di realtà aumentata o localizzazione che non saranno da consultare, saranno le applicazioni stesse a notificarci che qualcosa di nostro interesse è nelle vicinanze. In questo senso avranno un ruolo importanti i gestori e le loro tariffe, forse l'ultimo vero limite all'utilizzo dei dispositivi mobili; basta pensare al roaming...

CAPITOLO 2

...Continua...

2. Pensi che il mobile aiuti la diffusione di informazioni ?

Il Mobile è il vero motore dell'informazione. Grazie al mobile si riesce a veicolare (il che comporta inviare e ricevere) informazioni in tempo "reale". Internet fruito da Computer non è più la fonte o il metodo (ovviamente internet su un 27 pollici fa la sua figura, sia chiaro), le notizie sono mobile! Vi ricordate l'aereo che l'anno scorso fece un atterraggio di emergenza sul fiume Hudson a New York? La prima foto e l'informazione è stata fatta da un telefono cellulare e "twittata" in rete. Tempo per fare il giro del mondo? Un'ora, quando ancora i giornalisti delle varie agenzie ancora non erano arrivati. Mobile è il vero motore dell'informazione; vengono create, riportate e diffuse con una velocità inimmaginabile solo due anni fa.

3. Un commento sulle nuove tecnologie che permettono la localizzazione dell'utente in mobilita', in particolare sul concetto della privacy

Sono personalmente molto affascinato da questo tipo di servizi (LBS, Location Based Services) e credo che rappresenteranno una evoluzione rapida delle applicazioni su Mobile. Come ho detto poco sopra, avere idea certa di quello che ci circonda, soprattutto se si è in un luogo a noi non noto, è per me il vero valore aggiunto di questo servizio su mobile.

Ovviamente bisogna essere consapevoli che la propria posizione viene in qualche modo resa pubblica, ma penso che ad oggi siamo sufficientemente informati e coscienti su argomenti che vanno ad addentrarsi nella nostra quotidianità. La legge in questo senso è molto stretta (giustamente) e non permette divulgazione di dati a terze parti, quindi la sensibilità di ognuno sarà saggia consigliera sull'utilizzo di tali servizi che, mi ripeto, saranno presto indispensabili.

CAPITOLO 2

...Continua...

4. Cos'hanno in comune secondo te il mondo aziendale e il mondo consumer, parlando di mobile?

Una frase che mi ripeto molto spesso è: un utente business quando si toglie la cravatta diventa consumer .. al di là delle banalità i due mondi hanno molto in comune, anche se ad onor del vero è più facile che sia il consumer ad invadere il business che non il contrario. I due mondi sono l'uno il banco di prova dell'altro (un pò come rallye e formula uno "testano" delle soluzioni che in piccolo andranno sulle vetture di serie), e in futuro le differenze si andranno assottigliando; i dispositivi saranno sempre più simili per le due "categorie" e di conseguenza anche le filosofie che ne promuoveranno servizi e innovazioni andranno via via accomunandosi.

Fruizione dell'informazione

Abbiamo detto che un aspetto molto importante che dobbiamo tenere presente quando creiamo l'informazione e' a chi e' rivolta, o chi comunque ne fruira' indipendentemente dalle nostre previsioni/intenzioni.

Fig. 2 - Ciclo di vita "finale" dell'informazione

Questo target che fruisce delle informazioni viene comunemente denominato *"mercato"*.

Il mercato e' rappresentato da persone che quotidianamente leggono email, il giornale, vedono le fotografie appena pubblicate dell'amico o il video dell'ultimo prodotto tecnologico appena rilasciato.

In che modo? Oggigiorno direi in modo molto "interattivo": le frecce arancioni della figura a lato aiutano a capire.

E se queste "interazioni" non ci sono o appaiono pesantemente limitate?

Se un Paese come la Cina ancora oggi interviene politicamente sulla fruizione dei contenuti da parte degli utenti della Rete, significa che la relazione su cui finora ci siamo incentrati Qualita' --> Mercato si interrompe bruscamente.

Il grosso balzo evolutivo sulla gestione dell'informazione che la Rete ci sta mettendo a disposizione e' proprio rappresentato dalla fruizione incondizionata dei contenuti da parte di chiunque.

Un'alterazione del flusso, o ciclo di vita dell'informazione, rimette di fatto in discussione tutte le considerazioni che si sono fatte finora.

CAPITOLO 3

Quello che ho sintetizzato con il termine "flusso" dell'informazione (di cui parleremo piu' avanti) e' un concetto chiave.

L'informazione deve "girare" per poter essere ricca di valore aggiunto.

Qualcuno la si crea con una certa Qualita' che abbiamo discusso al capitolo precedente, qualcun altro ne fruisce nel modo ottimale, restituendo pero' del valore a sua volta a chi l'ha creata o comunque alla Rete (intesa come contenitore di tutte le informazioni esistenti).

Perche' un'informazione sia di fatto un Valore Aggiunto, e' necessario sicuramente che sia qualitativamente valida, ma anche che esista un mercato che la fruisca e la valuti con continuita'.

Tale Valore Aggiunto potrebbe essere rappresentato da un semplice feedback della serie "mi piace questa foto che hai pubblicato", come vediamo nelle recenti forme di comunicazione tipo blog o social network.

Tuttavia, potremmo aggiungere Valore Aggiunto arricchendo con altri nuovi contenuti che vogliamo condividere.

A ogni "giro della ruota", rappresentata da Creazione --> Fruizione --> Nuovo Valore Aggiunto, i contenuti si arricchiscono ulteriormente andando a migliorare la Qualita' dell'informazione.

Questo capitolo evidenzia la seconda parte del ciclo di vita, ovvero in che modo si fruisce dei dati che sono stati creati e del modo con il quale se ne beneficia in base alla tipologia enterprise e consumer che abbiamo gia' descritto, tutto questo con un occhio particolare all'esperienza Mobile.

3.1 Internet di Serie A oB?

Si capisce subito che la scelta del modello con cui verranno create le informazioni da parte dei Content Provider condizionera' il tipo di contenuti che saranno disponibili e quindi fruibili dagli utenti finali (mercato).

Sintetizzando all'italiana questo concetto, si creera' probabilmente una **Internet di Serie A** dove i contenuti saranno raggruppati in pochi *siti web selezionati e filtrati* per i quali ovviamente sara' richiesto un accesso a pagamento e una **Internet di Serie B**, *gratuita ok, ma dove i contenuti saranno probabilmente diversi e forse "interpretati/manipolati"* indipendentemente dal mercato che ne fruira', bypassando di fatto i concetti di creazione enterprise e consumer espressi nel capitolo precedente.

La tendenza a cui assisteremo nel prossimo futuro sara' quindi di un pesante intervento di filtro di quali saranno i contenuti di cui potremo usufruire e del come/quando/perche' usufruirne (insomma, un ritorno agli albori della comunicazione).

Per approfondire l'argomento che e' di vitale importanza per il ciclo di vita dell'informazione, e' nata una nuova disciplina che va sotto il nome inglese di **"Net Neutrality"**, intendendo proprio tutta la diatriba che si sta sviluppando se lasciare "neutro" (originale/gratis) un contenuto oppure condizionarlo a certi schemi (economici o di visione).

Se questa modalita' sia corretta dal punto di vista etico non e' argomento di questo libro, ma certo e' che determinera' in modo pesante il prossimo futuro della comunicazione.

Piu' avanti descrivo invece il ruolo vitale delle Applicazioni, ovvero quei software dedicati a far fruire un determinato contenuto all'utente e ne spiego come, a prescindere dal fatto che i dati siano gratuiti o a pagamento, e' possibile intervenire in modo determinante per interpretarlo e/o manipolarlo semplicemente sfruttando i concetti gia' espressi in questo libro.

CAPITOLO 3

 *La fruizione dei contenuti che riteniamo interessanti per noi e' fortemente condizionata dal fatto se si intervenga o meno per garantirne la "neutralita'".*

La miglior Qualita' possibile nel momento della fruizione di una certa informazione e' data dal grado di corrispondenza tra i contenuti creati e quelli usufruiti . Brevemente, ricordo che *in fase di creazione* di un contenuto questi sono gli elementi che abbiamo enfatizzato:

- **Tipologia** del Content Provider (istituzionale / non istituzionale)
- **Conoscenza del Mercato** da parte del Content Provider (Enterprise/Consumer/ Tecnologia usata)
- **Attendibilita'** del Content Provider
- **Responsabilita'** del Content Provider
- **Geolocalizzazione/Geotagging** dei contenuti

Chi fruisce delle informazioni, dal canto suo, e' oggi attento alle seguenti funzionalita':

- **Tipologia** dei contenuti di cui fruisce (Enterprise/Consumer da content provider istituzionali o non istituzionali)
- **Tecnologia** di cui dispone (Fissa/Mobile)
- **Grado di interesse dei contenuti** di cui fruisce (Popolarita'/Tagging)
- **Utilizzo contestualizzato (ubicazione) dei contenuti** (Geolocalizzazione/Geotagging)

Il grado di corrispondenza tra quello che devono tenere in considerazione i creatori di informazioni e le aspettative che nutrono i fruitori e' praticamente "uno a uno", com'era lecito aspettarsi. *Ecco perche' si parla di "ciclo" dell'informazione: proprio perche' esiste sempre un legame intrinseco tra questi 2 "attori" nel tempo per accrescerne costantemente la Qualita' (valore aggiunto).*

3.2 Le applicazioni

Nel'era digitale, il modo piu' semplice per mettere in comunicazione chi crea le informazioni con chi le fruisce e' stato attraverso le **"applicazioni"**.

TIPOLOGIA

Un'applicazione, di fatto, nasce con lo scopo di gestire informazioni attinenti (omogenee), in qualche modo raggruppabili tra di loro e, di conseguenza, di interesse per una tipologia specifica di fruitore.

Un'applicazione che ci consente di gestire le email come Microsoft Outlook®, ad esempio, e' stata progettata avendo in mente che avremo a che fare con dei messaggi di posta (informazioni attinenti), ai quali potranno eventualmente essere allegate altre informazioni come immagini o suoni da scambiare con altri utenti della Rete.

I messaggi di posta elettronica, per loro natura, verranno fruiti sia da aziende (fruizione enterprise) che da gente comune (fruizione consumer).

In altre parole, non e' ben specificabile il mercato di riferimento dell'applicazione "posta elettronica": parleremo di Microsoft Outlook ne' come appartenente al mercato enterprise ne' a quello consumer.

Le sforzo di chi progetta un'applicazione e' solitamente quello di porsi questa domanda come una delle prime:

"Per quali fruitori sto creando la mia applicazione?"

L'interfaccia, le modalita' di aggiornamento, le funzionalita' insite all'interno, varieranno proprio in funzione della risposta a questa domanda.

Talvolta il processo e' invertito: e' infatti il mercato dei fruitori di informazioni a "accorgersi" che ha senso creare un'applicazione ad hoc per raggruppare tutti i contenuti attinenti a un certo argomento erogati da diversi Content Provider.

Prendiamo ad esempio il caso delle previsioni del tempo, applicazione che molti di noi hanno sui loro palmari e che si presta a un tipico caso di fruizione consumer.

CAPITOLO 3

I Content Provider, ovvero chi eroga i dati metereologici, possono essere molto variegati: si va da quelli istituzionali come l'Aereonautica Militare, passando da quelli non istituzionali come il mago o santone di turno che legge dei "segnali" attinenti al clima sulla propria sfera magica, fino ad arrivare alla saggezza millenaria dei contadini che si affidano alle fasi lunari o al colore che assumono certe piante in natura. Questo esempio riporta perfettamente a quanto detto nel capitolo 2) sulla Qualita' dell'informazione, in quanto, ripeto, essa non e' legata necessariamente al fatto che un content provider sia istituzionale o meno.

Personalmente, posso dire per altro di credere molto di piu'
all'"affidabilita'" e "responsabilita'" del content provider "conta-
dino saggio" (non istituzionale) che non alla sofisticata scienza
moderna usata dall'"aereonautica militare" (istituzionale).

Nella mia mente (ma a breve anche usando strumenti tecnologici come abbiamo visto) ho fatto quindi l'associazione che descrivevo nel capitolo 2: ho dato un **"indice di qualita'"** delle previsioni del tempo che ricevo sul mio palmare.

POPOLARITA'

Mi "fido" e mi "interessano" molto di piu' le informazioni provenienti da un content provider, in questo caso il "contadino saggio", piuttosto che da un altro.

Chi sviluppa applicazioni dovrebbe avere questo concetto bene in mente. Fino a oggi, si sono creati dei programmi, come appunto le previsioni del tempo, che ottenevano i dati, nel migliore dei casi, da svariate fonti, nel peggiore da una fonte soltanto.

A mio avviso, questo approccio e' obsoleto e quello che leggo in giro
mi conforta: a brevissimo, la situazione cambiera' e ognuno di noi,
all'interno di una certa applicazione *(o di un "regno di appli-*
cazioni"), **potra' indicare il proprio gradimento** *(popolarita')*

CAPITOLO 3

Per sintetizzare, se sono a conoscenza che la mia applicazione delle previsioni del tempo sul mio palmare Apple iPhone® (Tie'!! alla faccia del copyright eheh) ottiene i dati dalle fonti di cui sopra, io mettero' "5 stelle" (il massimo) al content provider "contadino saggio" e "1 stella" (facciamo 2 sulla fiducia va') al content provider "aereonautica militare". Ecco che ho personalizzato la mia "user experience": ho, cioe', fatto "girare" la ruota del ciclo di vita delle informazioni trasformandomi da mero "fuitore" a "partecipatore". Con il mio feedback "5 stelle" o "1 stella" ho dato del valore aggiunto all'informazione "previsione del tempo su Firenze (la mia citta')". Ho migliorato di fatto la qualita' totale di tale contenuto, in quanto se altri utenti useranno la mia stessa applicazione e avranno la possibilita' di scegliere dei content provider sulla base dei feedback dati da altri, il mio personale commento potrebbe esser loro utile. Magari, in tal caso, avrei giustificato la mia scelta con un "tag" sul "contadino saggio" del tipo "lui ci deve mangiare col raccolto (attendibile) e secondo me e' piu' affidabile di altri e sa quello che dice (responsabile)". Parlando di applicazioni, non possiamo fare a meno di menzionare quanto sia importante disporne in movimento.

TECNOLOGIA/ UBICAZIONE

Ha sicuramente senso sapere le previsioni del tempo della prossima settimana sulle Dolomiti (dove voglio andare a sciare) anche informandosi dal pc di casa connesso a Internet.

Questo mi dara' modo di verificare se sia il caso di partire o magari ritardare di qualche giorno. Al di la' di questo, supponendo che abbia deciso di partire per la mia vacanza, mentre saro' li' mi tornera' sicuramente molto utile avere un palmare con me che mi aggiorni in tempo reale su come stanno variando le condizioni climatiche esattamente nel paese dove alloggio o scio. Altra possibilita' messami a disposizione da un dispositivo mobile e' sicuramente quella di controllare le previsioni del tempo della vallata attigua a quella dove sto adesso pranzando: magari nel pomeriggio potrebbe aver senso spostarsi

CAPITOLO 3

a sciare nel Paese limitrofo per andare incontro a un tempo migliore.

Quindi, ho descritto come nel realizzare una qualsiasi applicazione si possa riscontrare uno stretto legame con quelle che erano le caratteristiche tenute in considerazione da chi ha creato le informazioni di cui si sta fruendo.

Quindi... Quali sono gli aspetti che invece **rispecchiano la bonta' di un'applicazione** nello scenario che sto descrivendo? Sempre utilizzando il nostro esempio, e' prassi comune che, per avere dati accurati, vengano rilevate piu' informazioni possibili su umidita', pressione atmosferica o venti, da molte stazioni metereologiche sparse sul territorio circostante a quello che ci interessa. Le varie stazioni rappresentano i content provider e, di fatto, lo sono realmente. L'applicazione tiene conto di tutti questi valori e, miscelandoli insieme, estrapola delle previsioni che, nella mia realta' quotidiana, si sono rivelate esatte nel 90% dei casi anche a distanza di una settimana.

Non ho fatto questo esempio per enfatizzare le caratteristiche del palmare iPhone rispetto a altri, ma solo per far capire come l'applicazione "previsioni del tempo" che ci gira sopra, a mio avviso vada nella giusta direzione.

POPOLARITA'

Si sfruttano tanti content provider per avere piu' informazioni "originali" a disposizione, dopodiche' l'applicazione "ci mette del suo" (valore aggiunto) e aggiunge ulteriori dati a quelli "grezzi" gia' erogati dalle stazioni metereologiche. E' come dire: "proprio perche' so' che in quella zona c'e' quella pressione, che li' vicino si manifesta quell'umidita' e che i venti sono cosi' forti in questa stagione, allora secondo me piovera' nei prossimi 2 giorni" (sto inventando, si vede? eheh).

Un domani immagino che un'applicazione del genere terra' in considerazione (se gia' non lo sta facendo) l'opinione che esperti di settore (istituzionali) e anche gente comune (non istituzionali) ha di quella o di quell'altra stazione di rilevamento, aggiungendo pero' anche il famoso "contadino saggio" tra i content provider disponibili ai fruitori.

CAPITOLO 3

*Un mondo che ragioni secondo queste modalita' mi sembra il piu'
democratico e rispettoso che la mia mente abituata a ragionare in
termini di "gestione delle informazioni" sia in grado di ipotizzare.*

E' mia personale opinione che, **piu' content provider si usano e migliore sara' la qualita'
dell'informazione** che gli utenti fruiranno.

Maggiore sara' l'utilizzo di content provider diversi e **minore sara' l'interpretazione e la
manipolazione** *che sara' fatta sull'informazione originale.* In virtu' di queste riflessioni,
e' lecito immaginarsi un futuro in cui avremo applicazioni che usufruiscono di piu'
content provider . Ricordate quando parlavo del ruolo che interpretazione e manipolazione svolgono durante le creazione di un'informazione? Proprio come veri e propri filtri che si frapponessero tra i content provider e i fruitori, le prime applicazioni
dell'era digitale si sono arrogate il diritto quasi "costituzionale" di decidere per noi
quali contenuti fossero "ideonei" da poter fruire e quali no.

Talvolta la decisione non e' stata presa cosi' alla leggera, in quanto e' bene ricordare
che i content provider "enterprise" spesso erogano informazioni a fini di lucro, fattore che incide non poco nella scelta finale di chi sviluppa applicazioni.

Tuttavia, e' un dato di fatto che il prezzo richiesto dal content provider sui contenuti
che fornisce, diventa anche l'alibi per chi fa le applicazioni di aumentarne il prezzo
finale a noi utenti.

Anche la politica dei prezzi, di cosa far pagare a chi fruisce delle informazioni, immagino subira' una rivoluzione (gia' iniziata per altro) nel breve periodo.

E' auspicabile, dal mio punto di vista, che si faccia pagare per quello che si "ritiene"
sia "giusto" o "interessante" pagare.Vorrei poter decidere quando pagare e se pagare
una certa informazione di cui beneficio.

Non voglio pagare 2 Euro l'applicazione "previsioni del tempo".

CAPITOLO 3

Certamente reputo che chi l'ha sviluppata abbia comunque diritto di fare il proprio interesse guadagnandoci sopra, ma sto spiegando come i fattori che ne determinino la bonta' qualitativa non sempre siano merito di chi ha diffuso l'applicazione.

E' buona norma che **chi segue il prodotto** *(product manager)* **ne tenga in considerazione la buona riuscita,** *anche commerciale,* **ma non certo arrogandosi la qualita' dei contenuti originariamente forniti dai content provider!**

Se le previsioni del tempo del "contadino saggio" sono sempre azzeccate, il merito e' tutto di quest'ultimo e non di chi ha sviluppato l'applicazione "previsioni del tempo"!

Sempre e comuque! A meno che...? Vi aspettavo al "varco"... Ce l'avete la risposta pronta verooo? :) Ma come nooooo??!?!?! :-)

A meno che... **chi sviluppa l'applicazione** non ci metta del suo, ovvero non **crei valore aggiunto!** L'interpretazione dei dati (non la manipolazione) e' sicuramente un valore aggiunto, aumenta la qualita' dell'applicazione.

Quanti di voi ci hanno pensato, alzino la mano... Solo due? mmmm.... allora mi sono spiegato male finora eheh

Chi sviluppa l'applicazione e' parte integrante del ciclo di vita delle informazioni; come potrebbe essere altrimenti?

E' molto probabile che le previsioni del tempo del contadino siano molto approssimative, per quanto efficaci in certe zone specifiche (magari nella mia citta').

Potrebbero verificarsi casi in cui i dati che egli fornisce all'applicazione siano incompleti o non chiari.

Qui subentra la **qualita' dell'applicazione** *che, ripeto, non ha nulla a che vedere con la* **qualita' dei contenuti.**

CAPITOLO 3

FACILITA' D'USO

Per esempio un fattore "qualitativo" e' sicuramente la facilita' d'uso, il "come" si fruisce delle informazioni all'interno dell'applicazione.

Io che sviluppo il programma "previsioni del tempo" potrei avere, teoricamente, anche migliaia di content provider tutti affidabili e responsabili, un'applicazione che sfrutti gli esperti di settore ma anche chiunque abbia qualcosa da dire nell'ambito metereologico per tirar fuori le migliori previsioni del tempo che si siano mai viste, ma se non le presento in maniera che l'utente possa capire se nella sua citta' fara' bel tempo o meno, tutto sara' vano.

Questa facilita' d'uso con la quale sfruttare la bonta' di un'applicazione va sotto il nome di **"interfaccia utente"**.

Solitamente, si pensa all'interfaccia come a un discorso di grafica accattivante o di "appeal", ma specie riferendosi a applicazioni destinate alla fruizione enterprise, troppo appesantimento di immagini e icone spesso rappresenta un limite.

In realta', si cerca di far avere all'utente tutti i menu e le voci o le informazioni di cui avra' bisogno, a portata di mano.

Interfacce come quella di Microsoft Windows® o Apple Macintosh® hanno fatto scuola in tal senso.

Il modo di navigare in un pc o su un palmare dotato di applicazioni compatibili con tali sistemi operativi sono stati di esempio per tutti, fin dall'inizio.

Il concetto che sta alla base della "facilita' d'uso" e' che, fermo restando la complessita' delle informazioni di cui si dovra' fruire, se sono utili devono prima di tutto arrivare all'utente e poi essere comprese e utilizzabili nel modo piu' facile e veloce possibile.

CAPITOLO 3

Vediamo se abbiamo imparato qualcosa :) Facciamo adesso un esempio di un'applicazione stavolta tipicamente a fruizione enterprise corredata da una schematizzazione delle caratteristiche a "corrispondenza uno a uno" con chi crea le nostre informazioni aziendali (enterprise) e delle caratteristiche tipiche "a valore aggiunto". L'applicazione a cui faccio riferimento e' il CRM (Customer Relationship Management).

- **Tipologia dei contenuti:** un CRM puo' essere inserito nella tipologia Enterprise perche' i dati che gestisce sono, innanzitutto, stati creati da un Content Provider interno all'azienda stessa (i dipendenti o le fonti di informazione a cui essa si affida) e, in secondo luogo, trattano file tipicamente aziendali, come i report statistici, le offerte, la documentazione commerciale che definisce in dettaglio i rapporti dell'azienda con quel particolare cliente.

- **Tecnologia:** un CRM e' di utile consultazione per le diverse strutture all'interno dell'azienda, si va dalla forza vendita (ricordate il nostro famoso agente?) fino ai tecnici di helpdesk, fino a arrivare all'amministrazione. Ognuna di queste tipologie di dipendenti beneficeranno di tecnologie diverse, tipicamente il pc fisso nel caso dell'amministrazione, il pc portatile per la forza vendita o un palmare per il personale di helpdesk...insomma, "a ognuno il suo"!

- **Popolarita':** visto che i dati che si trovano all'interno di un CRM riguardano i clienti dell'azienda, e' abbastanza ovvio che i contenuti di maggior interesse saranno probabilmente quelli relativi ai clienti che generano un fatturato piu' alto o ritenuti strategici. Il grado di interesse sara' pero' soggettivo, in quanto e' probabile che diverse aree (amministrazione, commerciale, helpdesk) attribuiscano "peso" diverso a certi dati presenti nell'applicazione. Se per un commerciale, vedere il fatturato e' sicuramente il dato piu' importante di un cliente, cio' puo' non essere vero per gli addetti all'helpesk, molto piu' interessati a conoscerne la realta' tecnica (architettura).

CAPITOLO 3

- **Ubicazione dei contenuti:** ha molto senso pensare a un CRM come a una sorta di assistente virtuale, in pratica un'inesauribile fonte di informazione portatile. In quest'ottica, il commerciale che si rechi dai clienti mediamente 3 volte la settimana, avra' sul suo dispositivo mobile tutti i dati di cui necessita, contestualizzati a dove si trova in quel momento. Immaginiamoci una segretaria che mi avverte: "la sede dell'azienda dove siamo e' la piu' grande tra le affiliate di questo gruppo industriale. La sua posizione, ubicata all'interno di una vasta area verde al centro di Milano, e' stata pensata per trasmettere un messaggio di fiducia nelle tecnologie rinnovabili e compatibili con i programmi mondiali di ecologia informatica (vedi capitolo 5)". A questo punto, se voi foste il commerciale, perche' non puntare tutta la vostra trattativa con il cliente sulle tecnologie "verdi" e su come la vostra azienda sia all'avanguardia nel settore? E' un ottimo modo di sfruttare dei dati geolocalizzati/geotaggati.

- **Interpretazione:** e'ovvio che vedere dei dati "grezzi" all'interno di un CRM possono essere utili solo se si conosce molto bene la situazione del cliente; in caso contrario puo' risultare un enorme sforzo di energie anche solo cercare di capire il contesto con il quale ci stiamo rapportando. Il grafico delle vendite dell'ultimo trimestre, ad esempio, per essere veramente utile, potrebbe essere correlato da un commento che ne spiega i picchi improvvisi e le repentine ricadute: potrebbe spiegare che i picchi di dicembre dell'azienda Bauli® sono dovuti ovviamente al fatto che l'azienda vende "panettoni" come business principale, ma il calo secco nel mese di marzo non e' da imputarsi alla fine del periodo natalizio, bensi' a un recente annuncio di cassa integrazione per un settore secondario dell'azienda che ha pero' fatto perdere fiducia negli investitori azionari. Una corretta interpretazione del grafico delle vendite, aiutera' noi, nei panni dell'agente di vendita, a rivalutare l'idea iniziale che ci eravamo fatti di dotare quell'area aziendale che verra' dismessa di alcuni palmari, in quanto non avrebbe piu' senso cercare di incrementarne la produttivita'.

CAPITOLO 3

- **Facilita' d'uso:** un altro aspetto da considerare nella valutazione di un CRM aziendale e' l'interfaccia utente, ovvero come questi fruira' delle informazioni che sta cercando. L'utilizzo di grafica cosiddetta "user-friendly" va sicuramente in questa direzione, ma e' anche buona norma semplificare il lavoro dell'utente, specie se siamo in movimento. Recentemente, infatti, le aziende produttrici di software creano dei menu ad hoc proprio per le utenze mobile; come vedremo nel capitolo successivo, sono ad esempio gli stessi "browser" dei palmari che interpretano diversamente le informazioni di cui andranno a beneficiare a tutto vantaggio visivo dei possessori di palmari.

- ....:

Esercizio:

"Provate a riempire le stesse caratteristiche per un'applicazione tipicamente consumer quale il lettore multimediale Microsoft Media Player":

- **Tipologia dei contenuti:** ....
- **Tecnologia:** ....
- **Popolarita':** ....
- **Ubicazione:** ....
- **Interpretazione:**...
- **Facilita' d'uso:** ....

....

- ...

- *(varie e eventuali vostre che vi vengono in mente)*

3.3 Le applicazioni che vanno per la maggiore: Killer Applications

Finora ho parlato di applicazioni sia enterprise che consumer, mettendo in luce pregi e difetti nello sfruttamento di content provider istituzionali o meno.

La discriminante che ho usato e' stata semplicemente la conoscenza del mercato al quale le informazioni sono destinate: le previsioni del tempo si rivolgono prettamente a un'utenza tipicamente consumer, mentre il CRM a una enterprise.

Tuttavia, quando il mercato di riferimento e' molto vasto si usa l'espressione **applicazione** *"scalabile"*, nel senso che puo' essere estesa senza sforzi a una larga fetta di utenti che hanno il medesimo interesse.

Naturalmente, poche applicazioni sono scalabili.

La maggior parte delle applicazioni si rivolgono piuttosto a una "nicchia" di utenti della Rete che sono alla ricerca invece di una personalizzazione piuttosto spinta di cosa l'applicazione metta loro a disposizione.

Quelle applicazioni che riscuotono un notevole successo tra utenti sia enterprirse che consumer, superano tale soglia di rapporto qualita'/prezzo (qualita' dei contenuti) e diventano degli standard di cui non si puo' fare a meno.

Esse vanno sotto il nome di "**Killer Applications**".

Affinche' una certa applicazione abbia una larga base di utenti interessati a fruirla, e' necessario fare un breve escursus di tipo informatico: vorrei infatti addentrarmi piu' in dettaglio su alcune caratteristiche delle informazioni che non abbiamo ancora visto e al loro utilizzo con la tecnologia moderna.

Finora, per come li ho dipinti, i dati erano una sorta di "scatola nera" che ho cercato di raccontarvi da fuori, da un punto di vista esterno a essi.

Parlando di qualita' delle informazioni, e' come se avessi preso tanti piccoli bussolotti (scatole nere) e ve li avessi "collocati" da qualche parte nel loro ciclo di vita integrato al mercato informatico odierno.

CAPITOLO 3

E' giunto il momento di andare piu' a fondo dei nostri scatolotti e vedere cosa c'e'
dentro. La cosa interessante, ma che puo' spaventare di primo acchito, e' che dentro
c'e' di tutto e di piu'! :-)

Un'informazione, come abbiamo gia' descritto nel capitolo 2, puo' essere qualsiasi
cosa partorita dalla mente umana o esistente in natura, oppure una miscela delle
due cose contemporaneamente. Insomma, diventa molto difficile catalogare le informazioni. Tuttavia uno sforzo lo possiamo e lo dobbiamo fare: le applicazioni, per
loro natura, gestiscono informazioni omogenee e sintetiche.

Per come sono costruite, esse ci permettono di lavorare su un sottoinsieme omogeneo
di dati: ad esempio, tutti i dati che concorrono a poter realizzare le previsioni del
tempo. Nell'applicazione presa a campione poco sopra, troveremo sicuramente valori climatici, umidita', pressione, ecc (contenuti omogenei)...

Ovviamente, non ci sara' spazio per dati che non sono utili a stimare il tempo per
domani. **Quindi, informazioni omogenee tendono a essere sfruttate da applicazioni
che trattano di quell'argomento.**

Un altro aspetto fondamentale e' che i contenuti di un'applicazione siano sintetici;
non tanto nel senso che devono essere stringati all'osso o carenti, ma che vengano
presentati in modo essenziale.

Riferendosi al solito esempio, vorrei sapere com'e' il tempo per domani a Firenze, sia
mattina che pomeriggio e quale sara' la temperatura prevista per la giornata.

STOP!

Non sono certo ansioso, come fruitore di quell'applicazione, di conoscere i dettagli
scientifici per cui siamo arrivati a tirar fuori quelle previsioni, ne' tantomeno risultati
diversi da qualcosa tipo "tempo buono; temperatura 15° C".

*Ecco: **voglio dati omogenei** (sul tempo climatico) **e sintetici** (concreti e senza fron-
zoli).*

CAPITOLO 3

Le previsioni del tempo sono un'applicazione di questo tipo dedicata al mercato consumer. La posta elettronica, ad esempio, e' un'applicazione che puo' essere inquadrata a entrambe le tipologie enterprise e consumer; cio' nonostante, tratta informazioni sia **omogenee** (le email ormai hanno un formato standard in tutta la Rete) che **sintetiche** (ognuno e' in grado di leggere e capire al volo il contenuto di una email).

Tuttavia, il fatto che i contenuti di una certa applicazione siano omogenei e sintetici non e' un pre-requisito affinche' la stessa sia definita scalabile: lo si da' per scontato ormai, visto che un mercato vasto di utenti puo' essere raggiunto senza modifiche all'applicazione stessa solo se questa rispecchia queste caratteristiche.

Scalabile, infatti, significa principalmente che si riesce a distribuire la stessa applicazione a un mercato vasto senza variare l'omogeneita' e specificita' delle informazioni. Cio' nonostante, nella trattazione di questo libro vorrei arrivare a dimostrare che questo assioma potra' cambiare in futuro.

Sfruttando i concetti finora illustrati, sara' possibile creare applicazioni scalabili e quindi possedute da milioni di utenti, che pero' non necessariamente trattino lo stesso argomento per tutti i fruitori.

Avendo capito la differenza che esiste tra qualita' dei contenuti e qualita' dell'applicazione, auspico che ci si concentri sui due aspetti parallelamente: chi sviluppa applicazioni si concentri sui fattori che ne determinano la buona riuscita (facilita' d'uso, interpretazione, ecc...) mentre la qualita' di cosa ci sia sopra venga lasciata ai Content Provider. Non diremo piu': "questa applicazione non mi piace perche' le previsioni del tempo che mostra sono tutte sbagliate", ma diremo:

"Questa applicazione e' fantastica dal punto di vista grafico, della user experience e di come tratta i dati, peccato che l'Aereonautica Militare non azzecchi una previsione del tempo: devo suggerire quel mio amico **contadino** come Content Provider raccomandato".

3.4 Gli albori dell'era digitale (Web 1.0)

Con l'uso delle applicazioni, non ci si sentiva sulla "stessa barca"; sembrava piuttosto che ognuno scegliesse la propria sul momento e c'era bisogno di uno standard.

Da qui la necessita' di creare un'applicazione che accomunasse la nostra esperienza con le informazioni: il Web e' tutto questo...Semplice, immediato, standard. Per ognuno di noi negli anni '80, abituati a pochissima condivisione delle informazioni, il WorldWideWeb (abbreviato in "Web") ha aperto le porte a un mondo nuovo.

Nei primi siti web aziendali, si aveva la possibilita' di promuovere la propria "mission" (vedremo approfonditamente piu' avanti) a un mercato molto vasto in continua espansione, come stava diventando quello di Internet. Addetti al marketing o all'area commerciale, hanno visto fin da subito la chance incredibile di promuovere i prodotti della propria azienda con foto, materiale esplicativo, listino prezzi, ma con l'enorme vantaggio di restarsene seduti nel proprio ufficio. E' nato il concetto di "vetrina virtuale", un sito web tradizionale ("1.0") e' tuttora come fosse una vetrina di un negozio reale dove mettere i propri prodotti e servizi. Niente piu' incontri quotidiani con i clienti per discutere di quisquiglie, niente brochure cartacee che venivano stampate in quantita' industriale per coprire la domanda del mercato, ma solo un'immensa, travolgente, incontrollabile ... offerta.

Effettivamente, per me che l'ho vista nascere, la **Rete 1.0** *(o Web 1.0 come e' stata ribattezzata di recente)* _e' stata un'immensa "Offerta" di qualcuno verso qualche altro_.

Anche dal punto di vista del consumatore finale, o comunque dell'utente della Rete che non facesse parte di un'azienda ben precisa, il Web 1.0 ha aperto la strada per "promuovere" un proprio "prodotto", si trattasse di fare un commento su una certa cosa o di scrivere un articolo su un argomento di interesse.

CAPITOLO 3

Le possibilita' infinite offerte da Internet hanno trasformato chiunque avesse delle informazioni da condividere, da far fruire, in un Content Provider di notevole interesse. Tanto interessante che non c'era nessun filtro "istituzionale" a decidere, come in passato, se quell'informazione fosse effettivamente di interesse o a decidere chi potesse fruirne. Il Web 1.0 ha tolto i "filtri" istituzionali che erano sempre esistiti, come le case editrici, i centri di ricerca o le universita' e ha permesso a potenziali scrittori, appassionati di scienza o gente comune di dire la sua e di farlo rivolta a un pubblico enorme. *Il Web, fin dalla sua nascita, inoltre ha introdotto una novita' di portata stratosferica nel modo di fruire le informazioni: le ha collegate tra di loro.*

Attraverso **i link** (collegamenti), ovvero oggetti collegati a altri in modo ipertestuale, e' stato possibile creare appunto il concetto di "Rete" anche per quanto riguarda i contenuti. Prima del Web, Internet era vista come una rete di computer sparsi per il mondo, ma nella quale si doveva conoscere esattamente l'ubicazione di un certo contenuto per poterlo trovare.

La **"rete di contenuti"** e' arrivata solo quando era lampante l'immensa mole delle informazioni che si stavano riversando in formato digitale e un'estrema necessita' di collegarle tra loro.

Con i link, adesso inizio la mia ricerca di informazioni in una data pagina di un dato sito web per finire molto probabilmente su siti in lingua diversa dall'originale e che parlano di tutt'altro.

Questo modo di girovagare nel mare di contenuti offerti dalla Rete ha preso il nome di **"navigazione"** o "surfing".

Ho gia' parlato in abbondanza dell'altra necessita' che e' emersa in quel periodo, ovvero quella di catalogare l'informazione per poter essere trovata con facilita': i motori di ricerca di cui abbiamo parlato nel capitolo 2) sono nati quasi contemporaneamente ai primi siti web 1.0.

3.5 Una killer applications che tutti conosciamo: il browser Web

Se in epoche di incertezze economiche o crisi planetarie, l'informazione e' passata in secondo piano, cio' non e' piu' vero oggigiorno nei Paesi industrializzati, dove il business e il commercio dipendono in larga parte da quanto essa e' accurata e tempestiva. La varieta' degli argomenti di interesse per l'uomo sta crescendo esponenzialmente.

Anche un proporzionale aumento delle applicazioni e' in atto, ma questo alla lunga sarebbe fuorviante e dis-economico rispetto all'importanza che invece rivestono i contenuti che vengono gestiti. *La tendenza e quindi a privilegiare la semplicita' delle applicazioni a tutto vantaggio dei contenuti.*

Ecco che, nell'era del cercare di far fruire le informazioni a un mercato sempre piu' ampio, questo forte trend e' sintetizzato in una delle applicazioni piu' semplici che l'era digitale abbia mai conosciuto: **il browser web**. Questa semplicita' d'uso e di fruizione da parte degli utenti e' proprio la carta vincente dell'applicazione per eccellenza del mondo Web della Rete: possiamo dire che si e' stati attenti alla qualita' dell'applicazione senza tener conto dei contenuti gestiti.Un browser non e' altro che un programma su computer (o su dispositivo mobile) che interpreta delle informazioni in formato standard (html) pubblicate su un sito web. Non siete soddisfatti di questa mia definizione "coniata" alle una di notte, mezzo assonato? :)

Un **browser we***b (in italiano: navigatore) è* <u>*un programma che*</u> <u>*consente agli utenti di visualizzare e interagire con testi, immagini*</u> <u>*e altre informazioni,*</u> *tipicamente contenute in una pagina web di un sito (o all'interno di una rete locale).*

Non male!! Ci sono andato molto vicino e vi giuro che non avevo neanche guardato il mio inseparabile amico WikiPedia :-)

CAPITOLO 3

Un browser ha appunto dalla sua il fatto di essere standard e di poter interpretare e rendere fruibili potenzialmente tutte le informazioni che i creatori vogliono condividere.

Abbiamo visto che una killer applications per definizione ha bisogno di dati omogenei e sintetici; in una parola e' come aver detto che il "formato" dev'essere sempre quello: standard, insomma. Cio' ne aumenta la qualita', ricordate?

Un browser web come Microsoft Internet Explorer o Mozilla Firefox hanno fatto del formato standard un must-to-have, una vera e propria missione.

Qui e' tutto standard: i link ipertestuali, il linguaggio html o xml usato, il formato delle foto o dei video presenti in una pagina web.

E' stato come riscrivere le regole del gioco nella "partita" delle informazioni:

"Adesso io sono l'applicazione per eccellenza, il browser, e voi tutti che creiate o usiate le informazioni che ci transitano sopra, dovrete attenervi ai miei standard".

... e il bello e' che ci siamo attenuti tutti! :-)

Tutto il mondo ha capito l'importanza di usare informazioni variegate ma in un contesto standardizzato e comprensibile a chiunque: il Paradiso, a mio modo di vedere.

Tutti noi abbiamo capito quanto sia redditizio per chiunque focalizzarsi sul Valore Aggiunto delle informazioni e non sul loro formato.

Questa presa di coscienza e' tuttora in divenire e sta portando a una vera e propria rivoluzione che continua ai giorni d'oggi nei mondi web e enterprise 2.0 descritti piu' avanti.

Ad ogni modo, una standardizzazione del formato delle informazioni porta una notevole riduzione delle risorse impiegate per gestirla: le applicazioni saranno piu' semplici, piu' usabili e proprio per questo, maggiormente replicabili senza sforzi: **scalabili**, in una parola.

CAPITOLO 3

Riferendomi all'esempio della posta elettronica, se fosse necessario gestire tanti formati dei messaggi quanti sono i Paesi del mondo o, ancor peggio, se ogni azienda o singolo individuo avesse il suo modo per fruire delle email, cio' porterebbe a un'eccessiva "customizzazione" dell'applicazione o alla creazione di tante applicazioni quante sono le tipologie di utenti che le usando.

Cio' nonostante, queste modifiche "custom" sono spesso necessarie e ritenute indispensabili dagli sviluppatori di applicazioni non scalabili.

In tal caso, verranno fatte apposite valutazioni progettuali per capire se valga la pena creare un'applicazione ad hoc per la richiesta specifica.

Personalizzare un software ritenuto scalabile comunque non produce quasi mai un altro software scalabile.

Quest'attivita' di progettazione di un'applicazione e' molto importante per la sua riuscita, ovvero per la valutazione di quanto sia apprezzata dal panorama di utenti ai quali e' dedicata.

Tali applicazioni si chiamano in gergo "ad hoc" o "custom", in contrasto quindi con quelle scalabili di cui abbiamo parlato.

Con quali modalita' vengono progettate e qual'e' la filosofia che ne stabilisce gli sviluppi e' argomento di discussione del prossimo capitolo.

3.6 Meno Omogeneita' e Meno Scalabilita' = Il Progetto

Una grossa sfida che le applicazioni non scalabili si trovano a dover affrontare e' gestire entrambe le tipologie di dati presenti sulla Rete: **eterogenee e poco sintetiche**. Negli anni pionieristici di Internet, gia' si percepiva il valore di rendere omogenee le informazioni in proprio possesso, fossero di utilizzo consumer oppure dedicate al mondo della propria azienda.

Le applicazioni, abbiamo visto nel precedente capitolo, portano invariabilmente l'utenza consumer "allo sbando", ovvero ad auto organizzarsi per poter fruire informazioni di cui necessita nel miglior modo possibile; a livello enterprise, invece, si e' cercato di lavorare per trovare soluzioni comuni al mercato.

La situazione delle aziende negli anni '80 e buona parte degli anni '90 era pero', da questo punto di vista, disarmante: ognuna si era costruita in casa la propria infrastruttura, utilizzando le proprie applicazioni (talvolta sviluppate in casa) e rimanendo nel proprio guscio senza confronti con l'esterno.

Per ovviare a questa situazione di "chiusura", o semplicemente per allargare la gestione delle informazioni eterogenee e poco sintetiche, c'e' bisogno di un **Progetto**.

Un progetto puo' coinvolgere persone all'interno della stessa azienda, di aziende diverse o anche singoli utenti.

Se ricorriamo alla ns biblioteca di riferimento per questo libro, Wikipedia, troviamo questa definizione per il termine "Progetto":

*Con il termine Progetto si identifica il complesso di attività correlate tra loro e finalizzate a creare **prodotti** o a pubblicare **servizi** rispondenti a obiettivi specifici determinati*

Vorrei approfondire piu' in dettaglio cos'e' un progetto, ma anche cosa siano in prodotti e servizi che un progetto si prefigge di erogare.

Tale approfondimento permette di entrare nell'ottica di come vengono gestite le informazioni nel vasto panorama aziendale; dove voglio arrivare a "parare", direte voi?

A dimostrare che questa modalita' di fruizione delle informazioni si sta replicando anche nel mondo consumer, apparentemente piu' destrutturato di quello corporate ma rispondente invece alle stesse logiche.

3.6.1 Articolazione tipica di un progetto

Di solito un progetto, inteso come complesso di attività interdipendenti, prevede:

- obiettivi specifici, ragionevolmente raggiungibili ed eventualmente interconnessi con altri obiettivi o progetti

- vincoli temporali per il suo completamento

- vincoli economici per il suo sviluppo

- un insieme di risorse umane e tecniche assegnate e adeguate alle difficoltà del progetto

- una organizzazione interna con una chiara assegnazione dei ruoli, divisione dei compiti e una struttura di governo del progetto (nei progetti più grandi di solito viene creato un Comitato di Guida e Controllo detto anche Steering Committee)

- oggetti e/o i servizi da rilasciare (i cosiddetti deliverable necessari al raggiungimento gli obiettivi) ben definiti e descritti in capitolati e/o contratti

- articolazioni del progetto in fasi (es: progettazione, esecuzione, test, ecc.) in cui sono definite le interfacce, i vincoli esterni (dipendenze da eventi non controllabili internamente al progetto e condizioni al contorno di cui tener conto) e le responsabilità (chi fa che cosa entro quando)

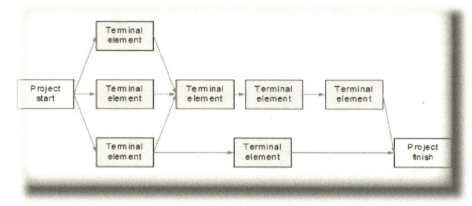

- una pianificazione che definisce:

    - le date di partenza/termine di ciascuna attività;

    - l'assegnazione delle risorse alle attività su cui è articolato il progetto;

    - le interdipendenze tra le attività del progetto;

    - l'esplosione fino a un sufficiente (ma non esasperato) livello di dettaglio delle attività (i cosiddetti task);

    - le date di rilascio dei principali oggetti (o gruppo di oggetti) intermedi (i cosiddetti milestone);

    - la data di completamento del progetto;

- un insieme di strumenti per controllare l'avanzamento del progetto rispetto agli obiettivi, sia in termini di tempo, che di costo che di deliverable rilasciati (strumenti di consuntivazione, Earned Value Analysis, ecc.).

- progetto di una rete

I progetti più critici e importanti di solito prevedono anche:

- un piano dei rischi (che indica anche le appropriate azioni di riduzione/mitigazione dei rischi individuati);

- un piano della qualità (che definisce le strategie e i criteri per assicurare l'aderenza dei prodotti/servizi rilasciati ai requisiti stabiliti).

3.6.2 Fattori di successo di un progetto

In definitiva, nel caso che gli obiettivi assegnati siano sufficientemente impegnativi e/o critici, per garantire il successo del progetto progetto è necessario disporre di risorse umane adeguate in termini qualitativi e quantitativi, ma anche tecniche e finanziarie, nonché di chiarezza riguardo ai seguenti aspetti:

- contesto e settore (es. edilizia, informatica ecc.) a cui si riferisce il progetto

- obiettivi (requisiti e prestazioni dei prodotti e/o servizi che deve rilasciare il progetto)

- responsabilità (intesa come distribuzione dei compiti: chi, che cosa, entro quando)

- tempo (inizio,durata)

- costo (prestabilito)

- qualità (intesa come aderenza ai requisiti ed alle prestazioni richieste).

Non mi voglio addentrare troppo in definizioni dettagliate e una trattazione del progetto nella sua interezza richiederebbe un libro a parte.

Mi interessa pero' evidenziare come la qualita' di un'applicazione passi obbligatoriamente da una riuscita progettazione.

In questo caso, il progetto ha portato alla realizzazione di un prodotto, l'applicazione stessa. Nel capitolo seguente, vedremo invece, come si possa progettare, con regole assai diverse, un servizio.

3.7 Le informazioni pacchettizzate: I Service Provider

Da non confondere con i Content Provider, i Service Provider fanno "di mestiere" una cosa diversa per quanto riguarda la creazione e successiva erogazione delle informazioni: **le impacchettano** in "servizi". Alcuni Service Provider vengono considerati anche Content Provider perche', in qualche modo, "se la fanno e se la cantano", ovvero creano internamente o hanno partnership per la creazione dei contenuti, dopodiche' procedono a quello che viene in gergo chiamato "delivery" (altro modo per dire "fruizione", ma e' sostanzialmente lo stesso concetto).

Vediamo alcuni esempi di progettazione di servizi presenti in Rete nello scenario attuale:

- **Fornitori di infrastrutture** o connettivita', come ADSL, ISDN, VoIP, hosting, housing

- **Internet Service Provider** (ISP)

- **Virtual Internet Service Provider** (VISP)

- **Application Service Provider** (ASP)

- **Software As A Service** (SAAS)

Le ultime 2 tipologie di Service Provider dell'elenco evidenziano un nuovo modello di business che si sta affermando e che e' particolarmente interessante nell'ottica della nostra trattazione sul Mobile: *la fruizione di un servizio anziche' il possesso della licenza di un prodotto.*Un'applicazione puo' essere vista come un prodotto.

Alla stregua di quando compriamo pomodori o pasta al supermercato, compriamo un software applicativo in un negozio di informatica o presso una societa' che li sviluppa.In passato, abbiamo assistito all'enorme diffusione dei prodotti "applicazione", una vera e propria miniera d'oro, come potete immaginare, per quelle societa' che hanno insistito economicamente su alcune che poi sono diventate delle vere e proprie killer applications.

CAPITOLO 3

Un trend del genere ha portato ad alcune consuetudini a cui assistiamo anche oggi come la realizzazione della versione 7, 8 o addirittura "12.0" di una certa applicazione o al continuo ammodernamento delle tecnologie esistenti.

Queste societa' si sono arricchite sicuramente dallo sviluppo iniziale della specifica tecnologia (ISP, VISP) o della tale applicazione (ASP, SaaS), ma sicuramente hanno capito ben presto *quanto fosse piu' importante piuttosto l'aggiornamento costante e la qualita' di quanto erogato agli utenti.* La "sete" di informazioni fresche contenute in applicazioni o tecnologie della Rete e' tuttora inesauribile, ma *c'e' molta attenzione alla Qualita' dei contenuti e di chi li eroga.* Si e' capito, o si sta capendo infatti che la **fidelizzazione** del cliente non e' tanto dovuta alla qualita' del prodotto o della tecnologia che gli si propone, ma alla *Qualita'* delle informazioni (fase di creazione) di cui egli fruisce e al *Grado di soddisfazione* che l'utente percepisce (fase di fruizione). Parole che avevamo gia' trovato nel capitolo precedente, non e' vero? :)

Quale parola, se non **servizio** riassume egregiamente il concetto appena espresso?

Le societa' di servizi sono nate allo scopo di rappresentare un front-end qualitativamente elevato verso i fruitori di informazioni che stanno effettivamente apprezzando il valore aggiunto del servizio invece della specifica applicazione o tecnologia disponibile. La parola "servizio" cerca di entrare nell'ottica del lavoro che e' necessario affinche' si stia sempre dietro ai bisogni dell'utente, a quello di cui vuole essere informato, al modo in cui lo vuole fare.

Maggiore e' il livello di servizio, maggiore e' la prosperita' economica di tali imprese.

Quello che sto sottolineando e' che inizialmente si e' pensato alle applicazioni come il veicolo sul quale investire per garantire che gli utenti fruissero le informazioni nel miglior modo possibile. *Adesso si sta capendo che e' l'unione della qualita' dell'applicazione e dei Content Provider a dare il vero servizio che ci si aspetta.*

3.8 Maggiore Omogeneita' = Il Servizio

Nel XXI secolo siamo a una svolta...

Il mercato di utenti potenziali che potrebbe fruire di certe informazioni e' molto piu' ampio di quanto lo fosse agli albori della Rete.

Le societa' di servizi svolgono un delicato compito di "intermediari" tra chi crea qualcosa (talvolta loro stessi) e chi ne fruisce. Consideriamo quest'assunto:

Il servizio ha un unico scopo, da che mondo e' mondo: accontentare il cliente.

E come possiamo essere accontentati noi utenti, molto eterogenei, con esigenze diverse, intereressati a informazioni le piu' variegate possibili?

Per alzata di mano...nessuno lo sa? :-) Semplice: **Vogliamo sentirci speciali**, vogliamo essere serviti, nel modo che riteniamo piu' opportuno, proprio come facevano un tempo i re con i propri sudditi, o i faraoni dell'Antico Egitto con i propri schiavi. L'esempio e' estremo, ma rende l'idea :-) Come nell'antichita', abbiamo riscoperto questo desiderio di essere al centro dell'attenzione, ognuno immerso a buon diritto in societa' civili e paritetiche, ma con la pretesa (legittima) di avere il meglio del meglio dal mondo in cui viviamo, informazione compresa.

Vi consolo... siamo in una botte di ferro: le societa' di servizi nascono con questo esatto e preciso scopo.

In ambito enterprise, ad esempio, *una figura professionale che ha preso molto piede e' stato indubbiamente **il consulente***, un esperto nell'ambito informatico pagato per andare da altre aziende e consigliare, aiutare, dare il proprio valore al "servizio" del cliente. Servizio e' anche sinonimo di un'accresciuta sensibilita' verso l'utente stesso.

A differenza delle applicazioni (o prodotti), dove il cliente deve attendere la nuova versione uno o due anni per avere la funzionalita' richiesta o i propri desideri esauditi, un consulente promuove e enfatizza la continua interattivita' tra chi eroga e le informazioni (chi lo paga solitamente) e chi le fruisce (cliente azienda dove si reca).

CAPITOLO 3

Un consulente informatico non fara' attendere i propri clienti per far loro conoscere quella certa novita' che li aiuterebbe nel processo di gestione delle informazioni aziendali.

Un servizio basa infatti la propria efficienza sulla **capacita' di rimanere al passo con i tempi**, fattore che viene reputato molto soddisfacente da chi ne fruisce con successo.

In questo caso, il consulente **E'** il servizio richiesto, in quanto esaudisce i desideri delle aziende che ne sfruttano le competenze per sentirsi speciali, coccolati, attivi e innovativinel business nel quale sono impegnati.

Una societa' di servizi odierna, in linea teorica, puo' essere totalmente svincolata dalle applicazioni o tecnologie presenti sul mercato e il consulente deve poter fidelizzare il cliente al di la' dei vantaggi dell'uno o dell'altro prodotto disponibile in commercio.

Quello che conta davvero e' il risultato finale, la "customer satisfaction" e quale applicazione, tecnologia o servizio ad hoc si usi per arrivarci, ha ormai poca rilevanza.

Naturalmente, esistono forti partnership commerciali tra le societa' di servizi e i content provider o i hw/sw vendor; a livello "politico" o "strategico", queste alleanze determinano talvolta la scelta di un preciso prodotto o tecnologia da vendere, ma la tendenza sta cambiando.

Ora sono le aziende che producono applicazioni informatiche o tecnologie innovative che, assimilata l'importanza della "customer satisfaction",vanno a cercare in prima persona le aziende di servizi per essere introdotte dal cliente.

Queste ultime, di fatto, dicono l'ultima parola sulla modalita' di fruizione delle informazioni dei loro clienti.

Di fatto chi eroga un servizio, una societa' dedita a quest'attivita' o un consulente, sta colmando la lacuna venutasi a creare tra l'esigenza di chi produce prodotti (applicazioni) di standardizzarne le funzionalita' e ottimizzarne cosi' i costi e i clienti finali (fruitori dei contenuti) che vogliono continuare a sentirsi speciali e "unici", insomma..deliziati!

CAPITOLO 3

Dei Service Provider che ho menzionato precedentemente, vorrei fare degli esempi concreti di come lavorano per chiarire i concetti espressi:

- **ISP/VISP:** fornire connettivita' a Internet, o ai servizi possibili sopra di essa, e' ormai garantito a una larga maggioranza della popolazione industrializzata.

  Nel nostro Paese le connessioni a banda larga (ADSL) hanno pressoche' soppiantato i vecchi modem analogici e questo sta favorendo la proliferazione di offerte di servizi di tutti i tipi proposti da Internet Service Provider o Virtual Internet Service Provider.

  Quello che pero' noi utenti della Rete percepiamo come vero valore aggiunto e' un po' diverso da cosa in realta' si sta spingendo: non e' tanto la velocita' della Rete che ci preoccupa (e quindi neanche l'acquisto dell'ultimissimo modello di router ADSL), tanto il sapere che la connessione non cadra' mai in 2 anni oppure che, se chiamiamo il customer care del nostro ISP, questi sia dotato di persone disponibili e preparate o addirittura ci aspettiamo che ci rimborsino dei soldi se non siamo soddisfatti del servizio erogato.

*A fronte delle **medesime tecnologie** di connettivita' o degli stessi "servizi" che gli ISP ci offrono, se possiamo scegliere **preferiamo quelli che offrono una qualita' maggiore** proprio di quei servizi dei quali si fanno promotori.*

Siamo perfino disposti a sborsare qualche Euro in piu' per la connessione a Internet se ci vengono garantiti quei requisiti di competenza e disponibilita' di cui parlavo poc'anzi.

CAPITOLO 3

- **ASP/SaaS:** le societa' specializzate nella fornitura di "software come servizi" (Software As A Service), hanno capito solo recentemente il grosso potenziale della Rete: non tanto un mercato di utenti ai quali vendere l'ultimissima versione del loro prodotto, come avveniva prima), ma un bacino di clienti fidelizzati paganti un canone (comprendente la licenza d'uso dei singoli prodotti) e contenti "mese-mese" del servizio che ricevono. In molti casi, e' puramente un discorso economico quello di scegliere una certa applicazione in modalita' ASP (Application Service Provider) piuttosto che SaaS (Software As A Service): in questo modo, infatti, molte aziende non sono costrette a spendere migliaia e migliaia di euro per un prodotto che potrebbe diventare obsoleto in 2 anni o che non risponda in futuro a certe esigenze. Acquistando una licenza d'uso, tali aziende si assicurano invece le stesse funzionalita' pagando per quanto effettivamente sfruttano e solo per il periodo di tempo di utilizzo reale.

*A fronte delle **medesime funzionalita'** di un prodotto/applicazione disponibile sul mercato, se possiamo scegliere **preferiamo quelli offerti in modalita' ASP/SaaS** da aziende di cui ci fidiamo o che ci offrono la migliore qualita' del servizio erogato.* Con la stessa logica, va' da se' che siamo disposti a pagare di piu' del normale un'applicazione ASP/SaaS, se comunque risponde alle nostre esigenze e dove il servizio offerto dall'azienda che lo eroga sia elevato. I rapporti che si instaurano tra le aziende clienti e le societa' di servizi, sia a livello commerciale che umano, sono ad esempio uno dei requisiti affinche' il servizio ricevuto sia considerato qualitativamente accettabile. *Insomma, il grado di soddisfazione di noi utenti (consumer o aziende) non e' direttamente proporziale alla tecnologia, bensi' al servizio che riceviamo: servizio che, in ultima analisi, non e' altro che un modo antico quando l'Uomo di farci fruire delle informazioni che ci interessano.*

CAPITOLO 3

A questo punto viene spontanea una digressione sul ruolo dei Service Provider nel ciclo di vita delle informazioni.

Come intermediari in questa catena, essi hanno un ruolo di primaria importanza nella salvaguardia del contenuto originale; un ruolo centrale di "pacchettizzazione" dei dati provenienti dai content provider per la fruizione delle propria clientela.

Questo tramite e' efficiente o la fruizione delle informazioni e' condizionata in qualche modo? La risposta a tale domanda non e' semplice, ahime', cosi' come non lo e' definire con esattezza la missione istituzionale dei service provider nel mercato attuale. Un service provider e' autorizzato a "intervenire" sulle informazioni/tecnologie/prodotti che eroga oppure no? Quanto ci sentiamo tutelati come fruitori di tali servizi/informazioni nel loro percorso tra il content provider originale e noi stessi?

Per fare un esempio pratico, una catena di negozi dedicati all'elettronica e' come se fosse un service provider nei confronti di noi consumatori.

Nelle vetrine in esposizione, si possono trovare le schede tecniche dei prodotti venduti (cellulari, computer, televisori) rispecchiandone le caratteristiche reali (memoria, batteria, dimensioni). Possiamo affermare che l'informazione originale "caratteristiche tecniche" e' inalterata?

Potremmo essere tentati di rispondere "si" a questa domanda, perche' in effetti queste corrisponderanno sicuramente al vero e riscontrabili ovunque nei siti internet di riferimento (assomiglia al caso del pc portatile HP del capitolo 2, lo so).

Spesso pero', l'informazione esposta e' carente, lacunosa, in modo piu' o meno volontario.

Mettere in grassetto di colore rosso che quella certa fotocamera digitale ha 22MP (megapixels) e' un'informazione corretta, ma e' fuorviante: e' un'informazione interpretata, manipolata al solo scopo di promuovere commercialmente quel prodotto.

CAPITOLO 3

Il service provider "negozio di elettronica" mi sta dando un'informazione a "valore aggiunto" casomai: il negozio "pensa" che per il fotografo provetto siano interessanti i megapixel di una macchina digitale e enfatizza il proprio messaggio in grassetto e con il colore rosso. L'informazione "megapixel" e' rilevante per il negozio che vende, ma non ad esempio per me che acquisto.

So' infatti per certo che non e' un'informazione che terro' in considerazione (non mi "interessa") all'atto di comprare la mia prossima macchina fotografica e, mentalmente, percepisco il service provider "negozio" come non attendibile/qualitativamente non interessante. Non so se mi sono spiegato... E' l'enfatizzare in rosso e grassetto i megapixel della macchina digitale il "servizio" che ricevo dal negozio? Assolutamente no, direi... Forse potrebbe esserlo una scritta in basso tipo "assistenza gratuita per 2 anni" o "chiedete al banco per maggiori informazioni tecniche" oppure ancora "dicono che questa macchina abbia dei colori stupendi". Queste sono informazioni a valore aggiunto! Come consumatore (fruitore), cosi' avrei percepito il valore di essermi recato in quel negozio piuttosto che in un altro; avrei avuto un servizio migliore dal punto di vista della qualita' delle informazioni erogate e il mio grado di soddisfazione sarebbe stato notevole. Un po' piu' chiaro adesso? :)

Tornando al discorso iniziale, ho cercato di chiarire il ruolo "interpretativo" dei service provider nei confronti dell'informazione originale.

*Non si tratta di riportare delle informazioni alterate o enfatizzate in un certo modo, quanto **quello di dare valore aggiunto a chi le fruisce:** il commento "ha dei colori stupendi, provatela!" aggiunge informazioni a quelle gia' in mio possesso su quella fotocamera. Questo e' il genere di servizio che mi aspetto dal service provider "negozio".*

CAPITOLO 3

Potreste controbattere:

"Ma e' ovvio! Quello che tu chiami "service provider" non e' altro che un negozio e, per vivere, deve lucrare su quello che vende, pertanto l'utilizzo commerciale di certe informazioni di base (caratteristiche tecniche del prodotto) e' all'ordine del giorno".

L'obiezione e' pertinente, ma non in linea con la tendenza che si sta sviluppando recentemente: se non c'e' un valore aggiunto del service provider, ne scegliamo un altro! :-) Semplice come concetto, riscontrabile.

Con questa filosofia, io personalmente ho acquistato le mie macchine fotografiche in USA (non vi dico il nome del negozio per non fare pubblicita') da chi reputavo mi desse delle informazioni a valore aggiunto che il negozio italiano sotto casa non mi dava.

Ad esempio, ho trovato commenti di fotografi professionisti con tanto di link a foto realizzate con quel certo modello, oppure recensioni di importanti negozi del settore con ricchi commenti e test effettuati, fino a arrivare a un servizio messo a disposizione dal negozio del tipo "soddisfatti o rimborsati entro 1 mese dall'acquisto".

Questo e' dare un servizio!

Quella stessa macchina fotografica (prodotto-informazione originale) l'avrei potuta trovare in tutto il mondo, ma solo in quel negozio particolare (service provider) ho trovato delle informazioni a valore aggiunto qualitativamente molto elevate e gratificanti per la mia soddisfazione come cliente.

Per avere questo valore aggiunto, sono stato disposto a sobbarcarmi l'onere delle spese doganali per una spedizione dagli USA all'Italia, a attendere la macchina fotografica per molti piu' giorni che se non l'avessi ritirata direttamente in Italia e ad avere manuali completamente in inglese invece di comode guide in italiano.

Ma ne e' valsa la pena e la qualita' del servizio che ho ricevuto e il mio grado di soddisfazione di quel particolare service provider non potrebbero essere piu' elevati.

CAPITOLO 3

Un altro concetto molto importante su cui vorrei scrivere qualcosa a proposito dei service provider e' un'osservazione sul *"possesso"* o meno di una certa informazione. Questo paragrafo sui service provider, sta delineando il cambiamento di rotta da parte dei fruitori dei contenuti abituati a possedere interamente quel prodotto-informazione. *E' come dire: l'importante adesso e' fruire dell'informazione, non che sia nostra di proprieta'.* Se fino a pochi anni fa, le applicazioni software erano necessariamente installate dalle aziende presso i propri laboratori che ne detenevano l'uso e il possesso esclusivo, adesso ci si rende conto che tutto cio' non ha molto significato.

Come manager di una qualsiasi azienda, ci stiamo chiedendo:

"A cosa serve quell'applicazione aziendale che usano i miei dipendenti?"

Se realizza i nostri desideri (le funzionalita' che il software mette a disposizione) , allora se tale applicazione e' nei nostri uffici oppure ospitata in ASP/SaaS e' del tutto indifferente: anzi, usare un'applicazione in ASP e' un modo per spalmare i costi nel tempo e mantenersi aggiornati a livello tecnologico. **Usare un servizio e' come "affittare" per un periodo uno strumento che mi gestisce l'informazione e non "comprarla" per sempre.** *Una grossa differenza, infatti, tra un Content Provider e un Service Provider di cui ancora non avevo parlato e' la questione economica.*

Mentre chi crea delle informazioni puo' essere anche completamente disinteressato a un ritorno monetario da tale attivita' (creatore consumer per esempio), un "servizio" difficilmente sara' senza scopi di lucro: un Service Provider e' un'organizzazione che opera secondo logiche aziendali consolidate di costi, ricavi e relativi margini, insomma profittevole. I parametri sui quali ci siamo basati per definire la qualita' delle informazioni fruite da un certo utente decadono miseramente, quando e' in ballo il profitto economico di queste aziende: i Service Provider nella realta', tendono a erogare servizi con il margine migliore possibile, anche se a scapito della qualita' dei contenuti che gestiscono.

3.9 Maggiore Omogeneita', Maggiore Scalabilita' = il Servizio a Valore Aggiunto (VAS)

Abbiamo visto come alla parola "servizio" si associ quindi la volonta' di un Service Provider di deliziare il cliente in ogni modo sia possibile ed economicamente redditizio. Il passo in avanti che le societa' di servizi hanno compiuto e' stato quello di domandarsi se, con un minimo sforzo, avrebbero potuto estendere il proprio business a un mercato piu' vasto di utenti mantenendone un grado di soddisfazione elevato. Ancora una volta, la risposta' e' stata un deciso "SI".

Si e'visto, infatti, che certe informazioni e il loro modo per fruirle poteva essere omogenizzato cosi' tanto da poter essere adottato praticamente da tutte le aziende sul mercato: replicare un certo modello di fruizione delle informazioni, definisce quel servizio "**scalabile**".

Un servizio e' scalabile quando si riesce a darlo a un numero sempre maggiore di utenti senza doverlo riprogettare tutte le volte.

Si eroga un servizio di connettivita' a Internet (ISP/VISP) e lo si replica uguale identico a milioni di utenti sulla Rete.

Si gestisce un servizio basato su un applicazione software (SaaS) e se ne garantiscono le funzionalita' comuni a tutte le aziende (o consumer) che ne fruiranno.

Sono cosi' nati dei nuovi servizi ribattezzati "Servizi a Valore Aggiunto" o, convenzionalmente, VAS (dall'inglese Value Added Services a dimostrare che gli anglosassoni hanno sigle per tutto eheh).

La posta elettronica in mobilita', ad esempio, e' considerato a tutti gli effetti un servizio a valore aggiunto rispetto a leggere e scrivere email solo dal proprio ufficio o comunque da una postazione fissa.

CAPITOLO 3

Abbiamo detto precedentemente che la posta elettronica in mobilita' e' anche una Killer Application perche' le funzionalita' che offre sono molto richieste dal mercato. *Esiste una forte tendenza delle killer application a dar vita a servizi a valore aggiunto.* Visti i parametri che caratterizzano un servizio (valore aggiunto, possesso del contenuto, costi di implementazione) va da se' che i VAS piu' riusciti siano quelli che derivino o sfruttino le killer applications dove questi valori rappresentano per loro natura gia' dei "must-to-have".

Dare la posta elettronica agli utenti, per quanto fosse inizialmente non indispensabile nel mondo enterprise delle aziende o all'utilizzo tradizionale degli utenti consumer, ha dato origine alla possibilita' di estendere il concetto anche in mobilita', accrescendone il valore aggiunto con costi di implementazione sufficientemente ridotti.

Chi eroga tale possibilita', da' a tutti gli effetti un servizio a valore aggiunto.

Tali costi di implementazione, nonche' il valore percepito dall'utente di poter leggere e scrivere email con facilita' dovunque egli sia hanno modificato anche il modello di business dei service provider: l'introduzione del **canone**.

Un VAS, infatti, non viene piu' erogato facendosi pagare una-tantum una certa applicazione/prodotto, ma utilizzando una formula che potremmo definire "l'evoluzione del pagamento a rate", ovvero un tot al mese (spesso moltiplicato per il numero di utenti che beneficiano del servizio).

Il canone e' molto piu' redditizio del pagamento rateale, perche' l'utente non puo' calcolare inizialmente la spesa totale per quel servizio: paghera' per tutto il tempo che riterra' necessario a volerne usufruire (teoricamente anche per sempre).

Psicologicamente poi, gli addetti marketing sanno oramai che tenere bassi i costi a utente per quel particolare servizio e moltiplicando una spesa piccola per n anni, da' una percezione al beneficiario del servizio di pagare meno e quindi lo sprona maggiormente che non un unico acquisto per l'intera soluzione.

3.10 Figura chiave: Il Project Manager

Sia che si parli di applicazioni/prodotti che di servizi, e' necessario introdurre una figura professionale che ne progetti le funzionalita' e ne curi tutti gli aspetti: il *Project Manager*. Descrivendo a grandi linee un progetto nel paragrafo precedente, ho anche delineato (con l'aiuto di Wikipedia) i compiti di questa figura professionale e le interazioni che ha all'interno dell'azienda. Indirettamente, pero', ho anche sintetizzato la sua posizione nei confronti delle informazioni, ovvero come un Project Manager sia responsabile della gestione delle informazioni aziendali.

*Reputo, infatti, che il suo ruolo sia principalmente di **coordinamento tra chi "crea" le informazioni e chi le fruisce veramente** (utenti finali). Figure professionali come il Project Manager e l'Architetto (che vedremo nel capitolo dedicato al "flusso" dei dati), sono di vitale importanza nella catena del valore delle informazioni perche' sono quelli che "si preoccupano di gestirle nel miglior modo possibile, rispecchiando quindi gli interessi di chi le ha create e di chi le vuole fruire".*

Un Project Manager ha quindi la responsabilita' di tradurre in un progetto una certa visione di come verranno impiegate le informazioni. In azienda, il management avra' stabilito su quale modello si sviluppera' il business, se concentrandosi su prodotti, servizi o una combinazione efficiente dei due. Un progetto avra' quindi lo scopo di dare vita a un nuovo prodotto, a un nuovo servizio o a ammodernarne uno gia' esistente. Le informazioni sono il vero valore, ormai credo sia assodato.

Il Project Manager dovra' affrontare una situazione tanto entusiasmante, quanto complessa: da un lato "servire" il cliente, dall'altro "servire" la propria azienda.

CAPITOLO 3

Non sto assolutamente affermando che si tratta di una figura professionale al "servizio" di qualcun altro.

Tuttavia, e' impensabile nel XXI secolo pensare a un ruolo di project management svincolato dal mercato e dalla visione della propria azienda.

Nel progettare un prodotto (applicazione mobile) o un servizio, c'e' un rapporto "umano" nel quale il project manager e' coinvolto che non possiamo trascurare.

Il cliente, il destinatario delle informazioni, solitamente confida nella qualita' del servizio che otterra' dall'azienda in questione. Come abbiamo visto nei capitoli precedenti, non e' sempre corretto dire "azienda" in quanto potrebbe instaurare rapporti di questo tipo anche con altri soggetti, con content/service provider sia istituzionali che non. Potremmo sintetizzare, tuttavia, dicendo che in una logica di progettazione e di gestione di un certo prodotto/servizio, esistono delle regole a cui il project manager si deve attenere, prima fa tutti quella economica.

Si deve essere perfettamente consci di quale sia la differenza tra gestire un prodotto o un servizio a valore aggiunto (VAS). Il project manager avra' fatto una stima dei costi che tale progetto generera' e dovra' ottimizzare le risorse di cui dispone in funzione dei ricavi che l'azienda vuol percepire. Quando parlo di risorse, mi riferisco in particolar modo a quelle "fisiche", ovvero alle persone che saranno necessarie per realizzare o portare a termine l'attivita'.

A differenza del consulente che persegue una logica piu' "egoistica" di approccio al cliente, un Project Manager non puo' permettersi di mettere in difficolta' la propria azienda ed e' per questo che si tratta di una posizione estremamente difficile all'interno dell'organigramma.

Deve essere chiaro fin dall'inizio di quali risorse siano a disposizione, di quale vadano eventualmente reperite e di quanto il lavoro del proprio staff impatti sul ricavo finale del prodotto/servizio.

CAPITOLO 3

Sostanzialmente le possibilita' di effettuare un guadagno su un progetto sono due e il project manager deve essere coinvolto in prima istanza per effettuare un'analisi puntuale di come intende approcciare le proprie attivita':

- **Prodotto**, in tal caso solitamente si parla di costi "a giornata" per lo staff che lavorera' sul progetto, dal termine inglese "body rental". Si fa una stima di quanti "giorni-uomo" servono per realizzare una certa' attivita', si sommano tutte le attivita' e si deduce un effort di impegno di risorse

- **Servizio**, in tal caso i costi sono normalmente fissi, nel senso che a parita' di persone o risorse impiegate, saranno i ricavi a crescere nel tempo. Nel servizio non si dovranno impiegare proporzionalmente piu' persone/risorse al crescere del business, o comunque non in modo uno a uno.

Trasformare un prodotto in servizio e' una delle sfide del project manager.

Fare in modo che , con risorse limitate, si riesca a creare qualcosa che e' ripetibile (scalabile) sul mercato e non doverlo quindi riprogettare tutte le volte da zero.

Questo non sempre e' semplice, per via del fatto che in azienda un project manager non "vende" niente, ma anzi e' considerato un costo. L'azienda spera che un progetto le costi il meno possibile e che sia possibile ottimizzare le attivita' dei propri dipendenti. In parole povere, quello che vende il project manager e' proprio se' stesso...la capacita' di realizzare quello che l'azienda vuole al minor costo e in modo piu' scalabile possibile. Naturalmente, mi sto riferendo prettamente a progettazione di servizi o prodotti all'interno di un'azienda, ovvero dove la prima lettera del ciclo di vita delle informazioni sia una "B". Viene da se' che quando la creazione delle informazioni e dei prodotti/servizi che le sfruttano viene da un consumer, molte delle considerazioni appena fatte non sono applicabili.

Il consumer e' il project manager di se' stesso e spesso non deve fare considerazioni di tipo economico come nel caso delle aziende.

3.11 Il nuovo modo di comunicare: "2.0"

Internet e' nata come uno strumento di condivisione delle informazioni, ma a essere sinceri, nei primi anni della sua evoluzione essa era poco interattiva.

Prodotti (applicazioni) o servizi avevano poco dell'interattivo e volevano piu' che altro trasmettere il messaggio "comprami che sono il migliore su piazza!" :-)

La Rete era piu' che altro una sorte di conversione del mondo delle informazioni "analogiche" (cartacee/conoscenze tramandate oralmente) in "digitali", tutto lo scibile umano trasformato in "file": testi, immagini o suoni di qualsivoglia tipo.

Con Internet si poteva finalmente comprare quel certo prodotto standosene comodamente seduti a casa o anche usufruire di quel dato servizio dalla propria azienda. Tutto, pero', a interazione "quasi zero".

Un po', insomma, come l'aver creato una mega biblioteca dove si puo' trovare di tutto, ma dove certo non si puo' scarabocchiare i libri o crearne di nuovi: in un mondo che si stava spostando sempre piu' verso l'interattivita', Internet era un po' "demode'", non al passo con i tempi.

Ok... senz'altro ognuno poteva pubblicare di tutto sui siti Web, aveva una possibilita' mai neanche sognata fino a allora, di condividere le proprie informazioni con il Mondo intero, ma doveva farlo in autonomia e, quasi sempre, pagando per poterlo fare (sito web personale utilizzando connettivita' e canoni a costi elevati).

Ci siamo accorti, allora, che si poteva tuttavia "iniziare" da qualche parte a riformare la Rete senza per questo stravolgerla per come era stata progettata ai primordi di Arpanet (la nascita a uso "militare" di Internet).

Si poteva creare degli spazi, diciamo, interattivi, dove le persone parlassero di un certo argomento specifico e potessero, senza un investimento economico o comunque dispendioso di risorse (tempo, conoscenze informatiche, ecc...) dire la sua su quell'argomento.

CAPITOLO 3

Nella sezione di questo libro dedicata al Web 1.0, ho tralasciato volontariamente di parlare dei **forum**, anche se, a mio avviso, essi rappresentano i veri precursori e una sorta di "testa di ponte" verso i blog attuali.

Nei forum si e' iniziato per la prima volta nella storia della Rete, a interagire, quindi a dare l'opportunita' agli utenti di "dire la loro", con paritetica importanza tra il "creatore" dell'informazione e il "fruitore".

I forum sono tuttora suddivisi per area tematica e, sostanzialmente, venivano e vengono utilizzati per inserire su Internet una domanda (sperando in una risposta).

Facciamo un esempio: io, appassionato di fotografia da anni, potrei mettere sul forum dpreview.com, nella sezione dedicata alla mia macchina fotografica Nikon D3, una domanda del tipo: "Come si fa a accenderla?" :-)

A parte le risposte provocatorie del tipo "datti all'ippica", oppure "vai via da questo forum" (comunque sensate!), ce ne sarebbero anche tante altre molto utili che mi spiegherebbero come trovare il pulsante di accensione, come premerlo per accendere la macchina e come invece utilizzarlo per fare un autoscatto.

Senza fare ricorso a definizioni standard, potrei affermare senza timore di essere smentito che il forum e' oggi visto come una sorta di "oracolo interattivo", dove la gente pone delle domande su degli argomenti ben precisi (come avveniva a Delfi nell'antica Grecia, il concetto e' lo stesso) e ottiene delle risposte.

Il bello dei forum e' che non si ottiene una singola risposta dal "mago"(guru) di quell'argomento, ma tantissime risposte che possiamo poi elaborare (magari da forum diversi) cosi' da farsi un'idea precisissima sull'argomento sul quale abbiamo "postato" una domanda.

Le sezioni di Supporto di molti siti Web a contenuto tecnologico, hanno visto nascere a fianco dei forum anche un particolare modo di fare e di fruire l'informazione: le FAQ (Frequently Asked Questions).

CAPITOLO 3

Una **FAQ** e' una sorta di "aiuto" agli utenti, solitamente a quelli che partecipano a un forum all'interno a un sito web.

L'aiuto consiste nel dare una risposta sempre uguale a fronte di una domanda fissa.

Se chi gestisce il forum di fotografia di dpreview.com si accorge che 100 utenti al giorno chiedono come si fa a accendere la fotocamera Nikon D3, creera' una FAQ del tipo:

"D: Come si fa a accendere questa macchina fotografica?"

"R: Ruotarla in modo da vederne la parte superiore, cercare il pulsante grigio metallizzato e girarne la leva che lo circonda in senso orario".

(D sta per Domanda e R sta per Risposta, come nelle interviste)

E' prassi comune cercare nelle FAQ l'argomento di nostro interesse PRIMA di addentrarsi nei meandri di un forum, dove gli argomenti non sempre sono categorizzati in modo semplice e dove perdersi nelle informazioni contenute e' quindi altrettanto facile.

Come abbiamo visto nei capitoli precedenti, anche le FAQ sono spesso etichettate da un indice di popolarita' (o feedback) che ne determina l'importanza.

Faq e Forum hanno iniziato gia' diversi anni fa a rivoluzionare il rapporto tra chi creava le informazioni e chi le fruiva: quello che e' stato definito come "maggiore interattivita' adesso viene individuato come "2.0".

Oggi parliamo di Web 2.0 riferendosi al mondo piu' tipicamente consumer, mentre si individua con Enterprise 2.0 la gestione delle informazioni da parte delle aziende con un occhio attento allo scambio tra il management e i dipendenti.

Visto che il termine "2.0" e' ormai di moda aggiungerlo dovunque e che sta solamente a significare un aumento dell'interattivita', ho pensato di parlare prima di come vengono fruite le informazioni nei 2 ambiti enterprise (aziende) e web (consumer) per meglio comprenderne il concetto nel nuovo scenario delineatosi al mondo d'oggi.

3.12 Fruizione Enterprise 1.0 - conoscere il mercato

Nella fase "1.0", un'azienda poteva essere assimilata a un capofamiglia "vecchio stampo" che sa cosa sia meglio per i propri figli , che li consiglia e li indirizza verso le scelte che devono essere fatte per il loro stesso interesse.

Come abbiamo visto nel capitolo 2, **la conoscenza del mercato** e' uno dei fattori che determinano la buona riuscita o meno di un'azienda nel proprio business.

Conoscere il mercato significava per le aziende dettare le regole del consumismo, del modo con il quale si vendevano o anche solo si diffondevano le informazioni, di quali prodotti sarebbero andati per la maggiore e quali sarebbero precipitato nell'oblio.

Il concetto "1.0", abbiamo piu' volte ripetuto, e' quello di un forte accentramento dei contenuti e della loro erogazione, per fini commerciali o meno.

Termini come "Enterprise 1.0" non erano conosciuti e, infatti, sono stati coniati recentemente per inquadrare nel giusto contesto la svolta che le aziende stanno intraprendendo con il progressivo passaggio a una logica Enterprise 2.0.

Lo sviluppo della Rete ha quindi enfatizzato questa conoscenza del bacino di utenza potenziale che abbiamo schematizzato con la parola "mercato".

Il mercato puo' essere diviso principalmente in 2 categorie, alle quali se ne e' aggiunta una terza solo di recente:

- B2B (Business To Business)
- B2C (Business To Consumer)
- C2C (Consumer To Consumer)

Mi viene in mente che un domani potremmo anche assistere alla nascita di un mercato completamente nuovo ma molto interessante :

- C2B (Consumer To Business)

CAPITOLO 3

L'anima del commercio si e' fondata da sempre sui primi 2 che ho citato, in quanto erano esclusivamente le aziende (Business) oppure artigiani/commercianti del passato che vendevano qualcosa o che diffondevano le informazioni mentre i destinatari potevano essere o altre aziende (B2B) oppure consumatori finali (B2C).

Al di la' del concetto comune di "azienda", che potrebbe essere esteso anche a attivita' imprenditoriali piu' ridotte quali gli artigiani o tutta la categoria dei liberi professionisti, in realta' quando parlo di "Business" mi riferisco a dei content provider "istituzionali" (concetto discusso largamente nel capitolo 2).

L'associazione di idee che abbiamo sempre fatto nel "vecchio" modello Enterprise 1.0 era che c'era qualcuno che "sapeva" quale prodotto avremmo dovuto (o potuto) comprare, che "sapeva" informazioni di cui noi "umili" consumatori non eravamo a conoscenza.Questo modo di ragionare ha contribuito a rendere in qualche modo istituzionali le aziende e noi consumatori a trattarle come content provider di assoluta fiducia, a fidarci quindi ciecamente di quello che immettevano nel mercato.

Davamo per scontato che ci conoscessero talmente bene che abbiamo sempre pensato a qualcuno che vende o diffonde (Business) e a qualcuno che compra o fruisce (Business o Consumer). La qualita' di quello che veniva erogato e la conoscenza del settore, ha fatto si' che i fruitori fossero letteralmente "in balia" di chi l'informazione la deteneva.Quello che ho appena descritto e' un tipico modello B2C che forse conosciamo meglio in quanto ognuno di noi e' un consumatore nella societa' odierna .

Del resto, si applica molto bene anche al modello B2B in quanto, anche se all'interno di un'azienda, per anni ci siamo fidati di quello che ci proponevano aziende di rispetto del settore e non certo dell'ultimo arrivato.

Se fossimo stati ad esempio, il responsabile acquisti della nostra azienda, ci saremmo fidati a comprare pc portatili della HP per i nostri colleghi e non di una marca sconosciuta.

CAPITOLO 3

Alla luce di quanto detto circa la fruizione delle informazioni, come possiamo distinguere un utilizzo piu' "aziendale" (o Corporate) da uno piu' "consumer"?

Un elemento molto importante da non trascurare e' l'introduzione del ruolo di IT Manager, fondamentale per intepretare l'evoluzione del mercato dal 2001 a questa parte in Italia e nel resto del mondo.

Diversamente dal mondo consumer, infatti, l'**IT Manager** e' colui che si prende la responsabilita' del modo con il quale gli utenti enterprise fruiranno delle informazioni.

Inoltre, maggiore e' il numero di strumenti/dispositivi utilizzati a tal fine, maggiore sara' il lavoro svolto dall'IT Manager e dal suo staff.

A fianco del pc, quando in Italia e' comparso il primo palmare con finalita' aziendali (il BlackBerry di RIM) la prima sensazione dello staff tecnico delle imprese e' stata: "Oddio, ora ci tocca gestire anche questi!! Non bastavano i pc fissi, i pc portatili, i doppi o tripli cellulari...".

Vorrei sottolineare come in due paragrafi, abbia utilizzato 2 volte la parola **"gestione"**:

un IT aziendale e, in particolare la figura che ne ha la responsabilita', l'IT Manager ha inizialmente senz'altro percepito un dispositivo mobile come una "rogna in piu' da gestire", come un "posto in piu'" dove vanno a finire le informazioni aziendali.

Da questo assunto, posso aggiungere quindi che per gli IT si e' da subito trattato di un problema di **coerenza** delle informazioni, ovvero la necessita' di mantenerle "allineate" su n dispositivi assegnati all'utente (la frase "questa mail ce l'avevo sul pc in ufficio, ma ora non la trovo ne' sul portatile ne' sul palmare" e' divenuta, insomma , all'ordine del giorno).

"Gestire in modo coerente" le informazioni di cui fruiscono gli utenti enterprise mi rimanda al punto focale di questo paragrafo: uniformarsi alla "visione" dell'azienda sia in fase di creazione che di fruizione delle informazioni che essa eroga.

CAPITOLO 3

Fruizione Enterprise, abbiamo detto, e' il modo con il quale gli utenti aziendali percepiscono le informazioni di cui entrano in possesso.

Come vedremo nel paragrafo seguente, i dati fino a oggi sono stati spesso variegati, provenienti da fonti diverse (interne all'azienda stessa oppure no) e spesso non organizzati secondo criteri adeguati alla loro fruizione.

In altre parole, informazioni eterogenee e non sintetiche (suona familiare? :-))

All'origine e' sicuramente (o molto probabilmente) cosi'... all'origine infatti... ma il compito di chi lavora con le informazioni in azienda e' proprio quello di adeguarle a una visione e uno standard deciso dal management.

Un utente che fruisce delle informazioni, specialmente se in mobilita', costa all'azienda ed e' questo il motivo per cui si parla di "gestione".

L'IT Manager e il suo staff dovranno fare in modo che il TCO (Total Cost of Ownership) della fruizione sia il piu' basso possibile, garantendo pero' i requisiti di qualita' descritti in precedenza.

Non e' ruolo facile, in quanto si corre il rischio che le informazioni vengano alterate o non percepite nella giusta maniera in questo passaggio tra quella che e' la visione del management e la percezione del dipendente.

La fruizione enterprise e' un ciclo di vita delle informazioni che si chiude con qualcuno che viene influenzato direttamente da una visione alla quale si attiene la dirigenza aziendale e pertanto e' indispensabile che l'esperienza con la quale si fruisce sia quanto piu' vicina agli standard qualitativi descritti nel capitolo 2.

CAPITOLO 3

Un modo semplice che abbiamo per distinguere quando l'utilizzo di un'informazione sia piu' Enterprise-oriented che Consumer-oriented, e' stabilire se i dati che vengono messi a disposizione di quella particolare utenza siano omogenei oppure no.

Il compito dei reparti informatici delle aziende (CED o Sistemi Informativi) e' proprio quello di omogeneizzare le informazioni, provenienti da fonti spesso eterogenee quali i db aziendali piuttosto che la creazione dei contenuti dai piu' svariati dispositivi mobili.

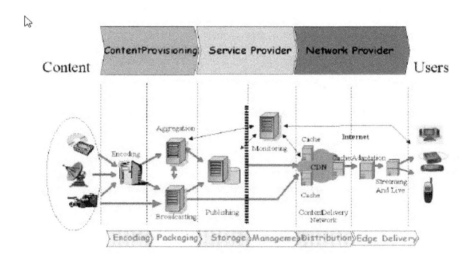

CAPITOLO 3

Questo schema e' stato tratto da un corso di formazione universitario sulla Rete e sulla creazione dei contenuti.

La fase che mi interessa sottolineare in questo momento e' proprio la prima, quella piu' a sinistra che va sotto alla categoria "Content Provisioning" : Encoding.

Alle lettera "codificare", tale processo e' fondamentale per individuare correttamente la catena del valore di un'informazione.

All'atto di fare "encoding" di un dato, in questo caso aziendale, se ne da' un'impronta di un certo tipo (vision), se ne etichetta (tagging) le caratteristiche principali e si cerca di standardizzare il format dell'informazione (omogeneita').

Questo processo e' molto importante perche' si differenzia in modo sostanziale dall'approccio piu' tipicamente "consumer" all'informazione dove i dati sono per definizione eteronegei e non sempre ci si preoccupa di standardizzarli.

L'IT Manager di un'azienda ha a che fare ogni giorno con una mole di informazioni immensa.

Ogni azienda intrattiene rapporti commerciali con numerosi Content Provider o sono essi stessi Service Provider per una particolare categoria di informazioni.

In questa giungla, standardizzare i dati che vengono forniti all'utilizzatore finale "aziendale" e' prerogativa all'utilizzo di un certo strumento di fruizione.

Parlando in dettaglio del Mobile, ad esempio, e' impensabile dare in pasto a un palmare informazioni che non siano"formattate" o comunque preventivamente rese "standard" da un progetto interno all'azienda.

CAPITOLO 3

Ci sono aziende specializzate in quest'attivita': trasportare informazioni dal mondo "caotico" del Web a un formato comprensibile su di un palmare o un dispositivo Mobile.

Questo processo e' altamente renumerativo per molte aziende del settore, proprio perche' si vuol privilegiare e soprattutto non penalizzare, l'"esperienza" in mobilita'. Infatti, se un certo utilizzatore in mobilita', iniziasse a lamentarsi che con il suo palmare non riesce e usufruire di certe informazioni come farebbe invece comodamente seduto in ufficio, state pur certi che l'IT Manager passerebbe un guaio :)

Tornando all'omogenizzazione delle informazioni aziendali, solitamente ci si riferisce a un repository che prende il nome di SIA (Sistema Informativo Aziendale) che ha appunto lo scopo di raccogliere in un'unico contenitore tutti i dati che circolano in azienda.

Potrei suddividere queste informazioni, un po' grossolamente per aree aziendali:

- _Commerciale_: dati sul fatturato e sui clienti (CRM), evidenziati spesso da indici altamente indicativi della loro concentrazione/dislocazione sul territorio, quali:
  1. Rotazione dei clienti: (Acquisiti-Persi) / Nr medio dei clienti
  2. Penetrazione commerciale: Vendite dell'azienda / Consumi totali
- _Operativa/Produttiva_: in quest'area si concentano solitamente molte delle informazioni cruciali al buon andamento dell'azienda ed e' pertanto vitale per la Direzione conoscerle e renderle omogenee:
  1. Produttivita': Prodotto / Fattore produttivo impiegato
  2. Resa: Materia prima utilizzata / Prodotto finito
  3. Efficienza: Rendimento effettivo dei fattori / Rendimento standard
  4. Saturazione della capacita' produttiva: Capacita' produttiva utilizzata / Capacita' produttiva installata

CAPITOLO 3

5. Obsolescenza degli impianti: Eta' media per lineareparto / Tempi medi di obsolescenza

- *Risorse Umane*: i dati sui dipendenti in relazione ai contratti sindacali in vigore in azienda possono contenere tra gli altri:

1. Rendimento: Ore effettuate / Ore contrattuali
2. Turnover: (Entrati+Usciti) / Organico medio
3. Assenteismo: Ore perse per orario di lavoro / Ore contrattuali
4. Conflittualita': Ore perse per scioperi e vertenze / Ore contrattuali
5. Composizione: Dipendenti di una certa categoria / Totale organico

- *Amministrativa/Finanziaria*: dati che riguardano le aree di controllo di gestione, di contabilita' generale sull'intera azienda sono raggruppabili in:

1. Struttura: Patrimonio, Costi, Portafoglio
2. Redditivita': Capitale, Vendite, Investimenti
3. Rotazione: Magazzino, Immobilizzazioni tecniche
4. Sensitivita': Settore, Mercato
5. Rischio: Investimento, Gestione

Compito del SIA® e' comunque fare in modo che tali informazioni, oltre che omogenee, siano anche **pertinenti, tempestive e precise** per i suoi dipendenti.

Da questa gestione delle informazioni aziendali, dal livello di qualita' (ricordate il capitolo 1?) con il quale vengono erogate, dipende la buona riuscita dell'azienda, nel senso di fornire alla Direzione gli strumenti necessari alla pianificazione, sviluppo e controllo della propria impresa.

3.13 Fruizione Enterprise 2.0: le informazioni dal "dipendente"

La definizione che Wikipedia da' di Enterprise 2.0 e' piuttosto complessa, ma vale la pena di riportarla per avere una solida base di partenza.

*Il termine **Enterprise 2.0** descrive un insieme di approcci organizzativi e tecnologici orientati all'abilitazione di nuovi modelli organizzativi basati sul coinvolgimento diffuso, la collaborazione emergente, la condivisione della conoscenza e lo sviluppo e valorizzazione di reti sociali interne ed esterne all'organizzazione.*

A ben vedere molte delle parole chiave di questa definizione, in pratica vanno verso la direzione che avevamo individuato di far comunicare tra di loro e sempre di piu', chi crea l'informazione e chi la fruisce, facilitandone al contempo il flusso (capitolo 5). La stessa pagina di Wikipedia prosegue nel porre il focus sui cosiddetti strumenti di social computing, quali wiki, blog, rss, folksnomie, come mezzo per ottenere una collaborazione sempre maggiore e condivisione delle conoscenza aziendale. Questo discorso mi pare di averlo gia' sentito: ma non sara' forse che si sta valutando seriamente, a livello planetario, i contenuti prodotti dai dipendenti? :-) La mia e' una provocazione... evidentemente le aziende sono fatte di persone e, tolto il top e il middle management, gli altri sono tutti dipendenti che sperimentano ogni giorno la realta' descritta nella definizione di Enterprise 2.0. L'informazione e' sempre stata creata, da quando esiste il concetto di "azienda" e, ovviamente e' sempre stata fruita, sia internamente che esternamente alla stessa. Quello che oggi sta cambiando e' l'approccio a questi dati e' la priorita' che l'azienda, intesa come management, assegna loro. Come a dire che la conoscenza del mercato e il saper gestire le informazioni aziendali non sono piu' sufficienti alla riuscita dell'impresa, ma occorre maggiore attenzione a chi le usa e chi le crea.

CAPITOLO 3

Il capofamiglia "azienda" si puo' ancora permettere di fare il bello e il cattivo tempo su quali informazioni far circolare o non si vuole piuttosto "ascoltare" il buon vecchio dipendente? Vediamo di rispondere alla domanda con una logica coerente.

Se si ascoltano i dipendenti, la prima priorita' e' quella di ottimizzare le informazioni che essi gestiscono/creano e quindi, in qualche modo, di catalogarle. Partendo infatti dalla logica dei motori di ricerca, che ho gia' trattato in precedenza, si cerca di indicizzare le informazioni, insomma di omogeneizzarle secondo criteri stabiliti. I dati sui quali ogni membro dell'azienda lavora quotidianamente vengono creati spesso con gli strumenti piu' diversi: da applicazioni office , a file multimediali, documentazione tecnica, brochure. La svolta della logica Enterprise 2.0 che finalmente si e' capita e' che non conta lo strumento che si usa per creare o fruire l'informazione ma conta il valore insito all'interno.Se l'informazione cruciale e' "dati di vendita", il management puo' aver bisogno di fogli Word, di grafici Excel, ma anche di brochure di presentazione ai clienti, di email che si sono scambiate in azienda sull'argomento. In sintesi: informazioni eterogenee, ma che abbiano una logica nel contesto aziendale.

*Laddove nel mondo Enterprise 1.0 si cercava una omogenizzazione di strumenti e di formati con i quali l'informazione veniva creata e poi fruita, **nel contesto 2.0 si cerca di omogenizzare prima di tutto i contenuti** e la loro attinenza/coerenza con quelli correlati (magari creati da un altro dipendente aziendale).*

A tal scopo sono nati tutta una serie di applicazioni software che vanno proprio nella direzione di maggior omogenita' di contenuti all'interno delle aziende.

Una maggior interattivita' tipica della visione 2.0 non puo' prescindere da strumenti in grado di ridurre il gap introdotto da formati diversi delle informazioni a uso aziendale.

CAPITOLO 3

L'utilizzo di prodotti di social computing (social software) dovrebbe favorirne, diciamo, il reperimento in qualsiasi momento, con tag appropriati che ne richiamino l'essenza.

Vado ancora alla ricerca del termine in questione su Wikipedia, stavolta non la definizione e' interessante, ma l'ambito di utilizzo che mi serve per estendere il concetto di informazione del quale stiamo parlando:

*Il **software sociale**, quindi, è strettamente connesso al mondo delle community e al loro processo di creazione ed è basato sul modello "bottom-up", in cui gli obiettivi e l'organizzazione dei contenuti sono stabiliti dagli stessi membri della comunità, contrapposto a quello "top-down", in cui i ruoli degli utenti sono rigidamente determinati da un'autorità esterna e circoscritti da specifici meccanismi software*

CAPITOLO 3

E qui vi volevo!! :-)

Questa definizione di social software spiega, a mio avviso, in modo lampante la differenza tra mondo Enterprise 1.0 e 2.0, cercando di farci capire con chiarezza lo scenario aziendale che si sta delineando al giorno d'oggi.

La vera rivoluzione e' nel come vengono approcciate le informazioni (metodologia bottom-up) rispetto al "vecchio" metodo 1.0 (metodologia top-down).

Cio' nonostante, nel caso dell'Enterprise 2.0, c'e' un management (o board) che rappresenta gli "interessi" della comunita (azienda): quando si dice che gli utenti (i dipendenti) condividono degli obiettivi si da' per scontato che, all'inteno dell'organizzazione, questi siano comuni a tutti e gia' prefissati dal management.

Vorrei portare alla vostra attenzione questo semplice schema che rappresenta quanto ho appena detto in modo grafico e intuitivo:

Se osserviamo con attenzione lo schema, troviamo tutti gli elementi di cui abbiamo appena parlato per descrivere una realta' Enterprise 2.0: l'informazione e' il collante, indispensabile ormai che far funzionare gli ingranaggi aziendali.

CAPITOLO 3

Ecco che la visione ("vision" all'inglese) assume un'importanza vitale: gli obiettivi ai quali gli utenti-dipendenti devono tendere saranno il piu' possibile conformi alla visione del management sul business che si persegue.

Anche se il dipendente rivestira' un ruolo fondamentale nei processi del futuro, si deve capire che la metologia bottom-up ruotera' sempre intorno a degli interessi aziendali.

Non si puo' prescindere da questo.

Un'azienda fonda il suo successo sul fatto che, data la visione, l'organico di persone che ci lavorano perseguira' un unico scopo con la maggiore efficienza possibile.

Una maggiore interattivita' che le logiche 2.0 stanno introducendo e' comunque subordinata a una visione di insieme e un'accurata pianificazione del business.

Bottom-up e Top-Down e' solo un modo con il quale le informazioni verranno gestite all'interno dell'azienda, ma non puo' rappresentare una filosofia per condurla.

Senza innovazione, inoltre, direi che oggi giorno un'azienda difficilmente riesce e stare sul mercato per piu' di qualche anno e, come se questo non bastasse, il tutto va' ben gestito e pianificato; ecco che entra in gioco il ruolo di Project Manager di cui abbiamo gia' accennato.

A oliare il tutto, la comunicazione, la perla del mondo enterprise 1.0 che qui torna di forza a occupare un ruolo strategico nella buona riuscita dell'implementazione del piu' efficiente modello 2.0.

Concludendo, i valori chiavi che stavano alla base delle aziende nel "vecchio" mondo Enterprise 1.0 sono gli stessi che caratterizzano le aziende di successo odierne: quello che cambiera' sara' il modo con il quale verranno prese le decisioni all'interno.

Sicuramente, dare importanza al contributo del dipendente arricchisce le informazioni in possesso del management al fine di poter gestire l'enterprise nel migliore dei modi.

CAPITOLO 3

L'Enterprise 2.0 allarga il concetto di Intranet aziendale.

L'utilizzo di strumenti di collaborazione quali wiki, blog, e' valido deterrente per il dipendente a creare e fruire le informazioni aziendali, in quanto sono gli stessi strumenti che molto probabilmente usera' nella sua vita privata (da consumer, passatemi il termine).

Infatti, come ho cercato di evidenziare nel paragrafo precedente, se e' vero che nello scenario Enterprise 2.0 entrano in gioco elementi propri aziendali quali la visione e la pianificazione, e' vero anche che, abbiamo detto, il management cerchera' di ottimizzare il lavoro "intorno" alle informazioni, ragion per cui strumenti che il dipendente possa usare con dimestichezza e padronanza sono nello stesso interesse del board.

E' ragionevole immaginarsi una intranet del prossimo futuro (ma gia' molte aziende sono in questa situazione) che preveda in effetti, aree dedicate per i vari staff , ma anche categorizzazioni "virtuali" o libere in base a certi tag.

Cercare il nome di una tecnologia ("mobile" per esempio) all'interno di una intranet, vorra' dire quindi tirar fuori documenti redatti dalla produzione, ma anche analisi commerciali piuttosto che brochure del marketing.

Ecco che, nell'esempio appena fatto, il tag "mobile" diventa un vero e proprio Killer Content, l'informazione intorno alla quale ruota lo strumento tecnologico che si sta utilizzando in quel momento.

Standard aziendali andranno sempre, per un discorso di ottimizzare e riduzione dei costi, nella direzione di semplificare la vita al dipendente, riducendo il piu' possibile il numero di software che creano le informazioni.

Il focus principale delle aziende, sara' comunque teso a rendere fruibili tali dati, indipendentemente dal software utilizzato.

CAPITOLO 3

Dal software, ma anche, passatemi il termine, dalla posizione dei dati.

Il contributo lo si da' ovunque, in qualsiasi luogo e con qualsiasi dispositivo, poco importa se si e' lontani, se si usa una connettivita' a banda ridotta o si usa un device mobile magari obsoleto.

L'importante e' il contenuto.

Il fattore chiave e' la collaborazione, il fatto che il dipendente sia produttivo.

Nella logica Enterprise 2.0 si stanno sviluppando quei software cosiddetti Social oppure , di recente, Cloud, dove si riesce a ottenere la collaborazione riducendo i costi di software e risorse utilizzate a tale scopo.

3.14 Intervista ad Andrey Kisselev (RIM)

Nello spazio dedicato alla fruizione delle informazioni, non poteva mancare una breve intervista a chi di informazioni in mobilita' se ne intende.

Ho conosciuto Andrey nel "lontano" 2005 quando ancora il BlackBerry faticava ad entrare nel mondo Enterprise; insieme abbiamo visto il cambiamento.

Laddove la posta elettronica veniva considerata come un optional, oggi e' ormai la killer application per definizione della piattaforma mobile.

Con il suo tipico accento russo e la sobrieta' sinonimo di serieta' professionale che lo contraddistingue, Andrey si e' prestato a rispondere a queste domande.

Come potete immaginare, il punto di vista di un TAM (Technical Account Manager) del suo calibro e' privo di ogni sfumatura propagandistica o commerciale.

Rispecchia, tuttavia, un approccio diretto, molto tecnico e pragmatico all'inserimento de l dispositivo mobile all'interno delle aziende italiane di maggior spicco.

breve CV di Andrey

Nato in 1965 in San Pietroburgo, Russia,

Laureato in Russia in Ingegneria Elettrica, lavorato in Russia brevemente come In- gegnere. Nel 1991 andato a vivere negli Stati Uniti, dove entra in mondo IT. Lavora per 5 anni come IT architect in McKinsey and Company. Dal 2001 vive in Italia. dove ha sviluppato la passione per mobile e WEB2.0 . Lavora come Business Solutions Manager in RIM Italy.

CAPITOLO 3

... Continua...

1. **Come pensi il mercato dei servizi mobile per le aziende possa evolvere nei prossimi 2 anni?**

I smartphone collegati ai dati aziendali nel modo sicuro ed affidabile, diventeranno sempre piu' diffusi nelle aziende, nelle tutti livelli , non solo per i "top"

2. **C'e' ancora spazio secondo te per una killer application come lo e' stata la posta elettronica in mobilita'?**

Credo di si, e probabilmente c'e gia', sia nel forma del concetto, sia come una "alfa version".

3. **Quali tipi di dati sono indispensabili per il TopManager quando e' in giro?**

Accesso alla propria posta elettronica, ai contatti, e al calendario, ma sopratutto, la possibilita' di communicare sempre e ovunque nel modo affidabile e sicuro.

4. **C'e' una qualche intercorrelazione tra i dati che un dipendente vuol avere sul proprio palmare e quelli di quando e' un "semplice" cittadino consumer?**

Tutti e due vorranno avere l'accesso alla propria Address Book, e allo storico delle communicazioni (email/sms/chiamate etc)

3.15 Fruizione Web 1.0: le informazioni eterogenee

Cos'era Internet agli albori?

Credo che tutti concordiamo nella risposta: "un gran caos"! :-)

Nessuno puo' darci torto, perche' trattandosi di una svolta epocale di fare e fruire dell'informazione, la Rete e' nata come liberale per eccellenza, deregolamentata per buona parte della sua nascita e sviluppo embrionale e, solo di recente, si nota uno sforzo di omogeneizzare le informazioni che vi sono contenute.

Il messaggio che regnava nel mondo web 1.0 era piu' o meno questo:

"io , privato a azienda che sia, voglio condividere con voi tutti la' fuori questo pezzo di informazione... iuuu? ci siete??"

Potrei paragonare questo modo di fare e fruire informazioni al metodo push, di cui tanto oggi si discute nell'ambito mobile.

Prendo delle informazioni che reputo siano di interesse di qualcuno e gliele "sparo"; non mi curo molto se siano di suo gradimento o cosa abbia da dire al riguardo l'utente.

Un sito web 1.0 che pubblicizzava le scarpe da ginnastica prodotte da quell'azienda, avevo in primis il compito di fare da vetrina verso gli utenti della Rete, analogo a quello che succede nel mondo "reale" dei negozi sportivi.

Avete mai trovato una commessa che vi rincorre per strada a chiedervi come vi sembrano le scarpe in vetrina? :-)

No, voi avete dato un'occhiata e basta, nessun obbligo, nessuna condivisione di idee, nessun "feedback" al negoziante ne' tantomeno alla Nike che magari esponeva il suo ultimo modello in quella vetrina.

Cosi' e' come funzionava il web 1.0: un immenso brodo primordiale pieno di tutto e il contrario di tutto con pochissima interazione tra chi "creava" e chi "fruiva".

CAPITOLO 3

Nondimeno, gia' parlare di web e' stato sicuramente un bel passo avanti nel creare uno standard e quindi nel tentativo di omogeneizzare la gestione delle informazioni. Un sito web 1.0 era appunto una vetrina e il concetto di vetrina e' uguale in tutto il mondo, sia che ci siano esposte scarpe o gioielli o computer.

Cosi' come nel caso di contenuti a finalita' aziendale che abbiamo trattato nei precedenti capitoli, anche per quanto riguarda la sfera consumer il primo sforzo e' stato verso un'omogenita' di strumenti per fruire delle informazioni.

L'utilizzo del browser web come comune piattaforma mondiale in questo senso, ha senz'altro rappresentato una svolta epocale senza precedenti.

Facendo una comparazione diretta con il mondo aziendale, invece, nel web 1.0 la gestione delle informazioni e la loro coerenza non hanno molto senso.

Cio' che sto dicendo e' che, facendo il parallelismo col mondo reale, ha poco senso parlare di vetrine "coerenti" o "gestione delle vetrine": chiunque abbia da vendere o pubblicizzare qualcosa, lo faceva nel modo che riteneva piu' opportuno senza che potessimo parlare di uno standard vero e proprio.

3.15.1 Fruizione Web 2.0: le informazioni dal "consumer"

E' normale che Internet sia un mondo eterogeneo: noi utenti siamo milioni, ognuno

con le proprie informazioni da condividere, fatte con i software piu' disparati e il piu'

delle volte facilmente "perdibili" nel caos che la rete rappresenta.

Cambiera' in futuro?

Se posso azzardare un'ipotesi, no...assolutamente no, speriamo!

E' un bene promuovere la diversita', sono le differenze dei

milioni di utenti che producono informazioni che fanno la

forza della condivisione.

A mio avviso, quello che diventera' omogeneo sara' il "modo" con il quale verranno

trattate le informazioni, non le informazioni stesse.

Come descritto nel capitolo sul progetto Killer Contents®, gli utenti consumer, a dif-

ferenza di quelli piu' tipicamente aziendali, hanno tutti la stessa esigenza: vogliono

decidere loro come gestire l'informazione. Il tipico modello B2C (Business To Con-

sumer) ha fatto propri tutti i valori importanti da tenere in considerazione quando ci

si rivolge a un mercato tipicamente consumer. Nel capitolo 2), pero', abbiamo fatto

una netta distinzione se il creatore delle informazioni sia enterprise (Business) o

consumer. Abbiamo anche detto che un utente consumer crea del valore spesso non

condizionato da fini di lucro e senza necessariamente avere in mente a quale utenza

i contenuti saranno destinati.

Questo genera un'enorme differenza nel modo di fruire le informazioni da parte de-

gli utenti Web 2.0 e nel come questi percepiscono il valore aggiunto di quello che

beneficiano. Abbiamo parlato di servizio: ma un modello C2C (Consumer To Con-

sumer), ad esempio, puo' essere percepito come un vero e proprio servizio?

Domanda interessante ...

CAPITOLO 3

Puo' un utente consumer come potrei essere io mentre sono comodamente seduto a casa davanti al mio pc, creare dei contenuti che possano rappresentare un servizio per chiunque la' fuori sulla Rete o addirittura per un azienda?

Si', potrebbe.

Laddove ci siano i requisiti che ho descritto nel capitolo 2) sulla creazione delle informazioni, effettivamente agli occhi di un consumer non fa molta differenza se il creatore del valore aggiunto sia un'azienda o un altro consumer come lui.

Abbiamo detto essere piu' che altro un discorso di fidarsi o meno del content provider che eroga i contenuti, del grado di responsabilita' che gli attribuiamo e il gioco e' fatto.

Questo concetto potrebbe rappresentare una svolta epocale nel modo con il quale si e' sviluppato finora il modello economico di molti Stati e la gestione delle informazioni a esso correlata.

Con in testa la logica Web 2.0, non vorremmo forse essere molto piu' partecipi alla vita che ci circonda?

Decidere noi quali prodotti spingere sul mercato, quali informazioni siano interessanti per noi, cambiare semplicemente le logiche di vendita di chi propone qualcosa senza prima averci "considerati"?

Non siamo stanchi dei "sondaggi" generalisti che gli addetti marketing svolgono a tappero su ogni aspetto della nostra vita privata, come i gusti per le automobili, dove vogliamo andare in viaggio o quale sara' in genere il nostro prossimo acquisto?

Perche' i giornali (o i siti web) pubblicano le notizie che vogliono loro?

Perche' non ho la mia versione personalizzata di giornale la mattina quando mi alzo, con solo le notizie che IO reputo davvero importanti?

La tecnologia che risponde a queste domande c'e' gia': si tratta solo di usarla nel modo opportuno.

CAPITOLO 3

Per adesso limitiamoci pero' a parlare del Web 2.0 esistente e di cosa offre attualmente all'utenza consumer.

Ho accennato brevemente al discorso dell'omogeneita' delle informazioni , per chiarire cosa si intende esattamente nell'ambito di una fruizione aziendale e una privata.

Un altro elemento che abbiamo accennato essere il principale motivo che ha portato alla nasciata del Web 2.0 e' sicuramente l'interattivita': anzi, a essere precisi, la richiesta di interattivita'.

Vogliamo dire la nostra!

Nel mondo digitale, cosi' come in quello reale, vogliamo chiudere il cerchio.

Non vogliamo solo "fruire" informazioni, ma anche far tornare indietro il nostro parere (feedback), mostrare i nostri interessi, condividere con gli altri esperienze, dati, osservazioni.

Vogliamo fare su Internet quello che facciamo nel quotidiano nel mondo reale.

La Rete non e' altro che un'estensione di quest'ultimo...noi ne siamo consci e vorremmo che diventi semplicemente "un altro modo" per fare le stesse cose.

Visto che il mondo reale e' molto interattivo (a meno che non viviamo sull'Everest o negli abissi degli oceani), di conseguenza doveva diventarlo anche Internet.

Il modello tipicamente "push" del Web 1.0 non era piu' in grado di soddisfare le nostre esigenze. Le informazioni, nell'era digitale, hanno vissuto un'esperienza similare agli essere umani che, inizialmente, hanno una gran fame di sapere e di conoscere e, letteralmente, pendono dalle labbra degli insegnanti alle elementari e dei professioni a medie e superiori.Gia' all'universita' e poi nel mondo del lavoro, questa conoscenza ha una gran voglia di esplodere, diventa contagiosa e si cerca il modo di farla fruttare nel nostro piccolo.

Crescendo, si diventa interattivi nel senso di voler partecipare con maggior interesse alla vita sociale del Paese nel quale si vive.

CAPITOLO 3

Omogeneita' e interattivita' delle informazioni sono sicuramente due caratteristiche salienti del Web 2.0.

In cosa si esplicano?

Soprattutto, ora che abbiamo questa creativita' a disposizione e la possibilita' di accedere virtualmente a un'infinita' di contenuti che fino a poco tempo fa sembra leggenda, le nostre vite sono veramente cambiate?

Non e' sicuramente una costante il fatto che la maggior interattivita' permessa dal Web 2.0 si traduca automaticamente in un'accresciuta user-experience per noi utenti. La qualita' delle informazioni potrebbe non cambiare con l'attuale modello del Web e della gestione delle informazioni.

Fino a quando non potremmo veramente "dire la nostra" con tag, commenti, preferenze di cui il sistema si "ricorda", credo che non avremo mai la percezione reale di essere serviti dalle informazioni, ma sempre di servire una qualche azienda di turno.

Il Web 3.0 che sta nascendo adesso potrebbe cambiare radicalmente questo approccio, facendoci considerare il Web 2.0 come un passaggio obbligato dalla logica 1.0 dove qualcuno offriva qualcosa a una 3.0 dove ci prendiamo solo quello che vogliamo.

Come vedremo piu' avanti, sto sottolineando che il mercato siamo noi, che la qualita' delle informazioni e quindi di come le usufruiamo la possiamo modificare noi.

Noi siamo quelli che compreranno i servizi o i prodotti di domani: e' utile essere sensibilizzati su come stia evolvendo il ciclo di vita delle informazioni e su quale scenari si stanno delineando per il futuro.

3.15.2 Esempio Web2.0 - Il ruolo dei Giornali

I giornali, per la precisione i quotidiani, sono partiti da un modello tipicamente 1.0 per poi sfociare di recente in un "simil" 2.0.

E' particolarmente interessante questa evoluzione e mi vorrei soffermare un attimo su tale passaggio.

A partire dalla carta stampata fino ad arrivare ai modelli siti online, i quotidiani hanno sempre avuto una caratteristica in comune: devono vendere.

Tralasciamo un attimo quella sorta di opuscoli che negli ultimi anni si trovano nelle stazioni o alla fermata del tram; sostanzialmente si tratta di bollettini news/meteo/ ultimora ma non e' questo l'esempio di giornale del quale volevo approfondire.

I quotidiani di 40 pagine, invece, non hanno solo la sezione ultimora, meteo o cronaca locale, ma da sempre si sforzano di andare a fondo delle notizie, di commentare le informazioni.

In ogni parte del globo esistono giornali di quella o di quell'altra parte politica: giornali che sono finanziati dai partiti dei vari schieramenti o che , piu' semplicemente, simpatizzano per la destra, la sinistra, il centro.

I loro commentatori piu' in voga "fanno" informazione, nel senso che, come gia' accennato in questo libro, cercano di dare il loro valore aggiunto alla/e notizia/e nuda/e e cruda/e che potremmo tuttavia leggere, ma soprattutto analizzare, anche da soli.

I giornali, per come li conosciamo, "interpretano" le informazioni. Manipolazione? Questa e' politica ? Puo' darsi.

Questa e' manipolazione? Sicuramente si'! Nel bene o nel male, dare un valore aggiunto a un'informazione e' sicuramente una gran cosa, come abbiamo visto nei capitoli precedenti, ma c'e' un elemento assolutamente non trascurabile da evidenziare: l'informazione originale deve rimanere tale.

CAPITOLO 3

Mi spiego meglio.

Solitamente, nei trafiletti di commenti interni dei quotidiani, si fa moltissima analisi senza riportare le semplici notizie originali alla base o si pecca di completezza.

I giornalisti danno per scontato che i fatti che stanno analizzando siano talmente limpidi e di pubblico dominio, che non si possa che arrivare a quelle conclusioni.

Al di la' del ruolo dei giornalisti nel processo di gestione delle informazioni, e' comunque un altro il punto sul quale mi vorrei soffermare: i giornali gestiscono una valanga di informazioni!

Ogni giorno arriva in redazione dei piu' noti quotidiani un numero di dati da gestire da far impallidire un moderno super-computer, figuriamoci la pur ben allenata mente del redattore.

Quest'ultimo, da sempre, fa qualcosa che in questo libro e' stato ampiamente dibattuto: filtra.

Taglia, cuce, riassembla tutto quel mondo di informazioni riguardanti politica, economia, sport, meteo, tecnologia.

E qui sta il problema che mi pongo: perche' lo fa? E' ancora questo che noi utenti del XXI secolo vogliamo? Che qualcuno che non sia noi stessi selezioni le informazioni per noi?

Chiediamocelo, perche' dalla risposta potrebbe emergere uno scenario piuttosto singolare.

Ricorderei ancora una volta quanto detto sul fatto che ognuno di noi vuol sentirsi speciale.

Ognuno di noi vuol essere informato a modo suo: e' palese, prendiamone atto.

Chi non vorrebbe ricevere soltanto le notizie a cui e' veramente interessato, magari con un grado di approfondimento maggiore di quello di cui si "nutre" adesso?

Io credo chiunque....

CAPITOLO 3

Certo non si possono tralasciare le notizie di interesse pubblico e sicuramente e' giusto mantenere un livello di cultura generale il piu' elevato possibile.

Tuttavia, oggi riceviamo dai giornali moltissime informazioni delle quali non sappiamo che farcene: e' come se fosse spazzatura che, visto che ormai abbiamo acquistato il pezzo cartaceo (o siamo sul sito su Internet), ci ritroviamo li' tra le mani e leggiamo. Se dovessi fare una stima personale, di c.a. 40 pagine di un quotidiano nazionale, leggero' piu' o meno il 20% delle notizie riportate e spesso mi concentro sugli argomenti che mi interessano e tralascio le altre.

Questo vale qualche euro al giorno per tutti i giorni dell'anno?

Credo proprio di no.

Non sarebbe forse meglio che pagassi per quelle notizie (e relativi approfondimenti) per le quali veramente sono disposto a spendere?

Magari un giorno spenderei 5 euro perche' in effetti c'erano tante notizie che mi interessavano, ma il giorno dopo forse spenderei zero perche' non ce n'erano che catturavano la mia attenzione.

Questo concetto si chiama "Pay-per-view": vi dice niente? :-)

E' esattamente lo stesso concetto che sta dilagando nel mondo digitale-multimediale, dove paghiamo per vedere un film che ci piace o una canzone in particolare anziche' acquistare l'intero album.

Non dobbiamo scaricare tutte le canzoni di quel cantante o sorbirci tutta la programmazione di una certa emittente televisiva che per il 90% trasmette cose che non ci vanno a genio: paghiamo solo per quello a cui siamo interessati.

Perche' non applicare lo stesso concetto a tutta l'informazione, compresa quella dei giornali?

E' ora di ragionare non come masse, ma come singoli individui con preferenze specifiche.

CAPITOLO 3

Gli strumenti tecnologici di cui disponiamo permettono gia' questa evoluzione del modo con il quale gestiamo la nostra informazione "personale".

Anzi, il Mobile sembra premiare questa modalita' di interazione selettiva.

Essendo tipicamente strumenti piccoli e portatili, e' quasi impossibile pensare che un domani potremo sfogliare un intero giornale sul nostro telefono: e' assai piu' probabile pensare a una sorta di selezione di quello che ci interessa da vedere mentre siamo in giro e da poter poi successivamente approfondire davanti a un pc di casa o di ufficio. Le applicazioni di gestione delle informazioni del futuro ci chiederanno: "Cosa ti interessa vedere quando sei in mobilita'? Con che percentuale di interesse le vorresti combinare tra di loro? 90% tecnologia , 5% sport e il restante 5% un condensato degli altri temi?"

Credo sia uno scenario futuro molto plausibile, nonche' probabile.

Pur avendo inserito una certa componente 2.0 di interazione nei loro siti web, i giornali sostanzialmente sono piuttosto ancora lontani da questa visione "pay-per-view".

E' vero che esistono testate che adesso consentono di accedere a delle sezioni riservate dove poter approfondire alcune notizie, ma:

a) non e' detto che tutti i giorni lo voglia fare e non mi sembra giusto farmi pagare un canone mensile a fronte di questa possibilita' non certo costante nel tempo

b) non e' detto che gli approfondimenti di quella certa notizia siano tutti sullo stesso giornale on-line: magari vorrei poter essere informato con dei "pezzi" di informazione da tutti i siti del mondo

Indubbiamente in Italia abbiamo esempi di cattiva gestione mediatica tra i piu' lampanti al mondo.

Si diceva...Silvio Berlusconi no?!..... :-)

Come usa iniziare spesso il mio conterraneo Roberto Benigni: "E si scherza Silvio, non te la prendereeee".

CAPITOLO 3

Il nostro attuale Presidente del Consiglio e' l'emblema di come sfruttare a proprio vantaggio l'informazione.

Silvio Berlusconi riesce sempre a essere sulla bocca di tutti, evidentemente non solo italiani.

Sfrutta tutti i concetti base delle informazioni che ho menzionato: tipologia di news sul suo operato, affidabilita' e responsabilita' di chi mette in giro dati su di lui, tagging (se cercate "Berlusconi" su Google vi escono quasi 25.000.000-leggasi 25 MILIONI!!- di pagine).

In pratica, ha capito a mio avviso un concetto fondamentale per promuovere la sua immagine: l'importante e' che se ne parli.

Male o bene non ha nessuna importanza.

Se la Sinistra lo scredita o lo deride, per lui e' tutta pubblicita'.

Silvio Berlusconi sta controllando benissimo l'utilizzo che giornali , radio, tv e Internet stanno facendo delle informazioni nei suoi confronti.

Quello che va sottolineato e' che non sta manipolando i dati!

Sarebbe dittatura, anche a livello mediatico, se leggessimo solo notizie positive sul suo operato, ma questo non e' quello che accade: sono piu' le volte che i media lo accusano di quelle in cui lo apprezzano.

Il concetto e' chiaro: rende molto di piu' farsi "taggare" ed essere ovunque che non alterare l'informazione originale.

E tutto sommato la gente lo ripaga di questo atteggiamento: sento spesso dire "Beh, in fondo lui almeno e' sincero, e' fatto cosi!"...ad indicare che le notizie riportate dai media non sono alterate ma sono quelle originali, corrispondono a quello che lui dice e fa senza nascondere le proprie intenzioni.

Si chiama trasparenza? Si', secondo me si', la possiamo definire cosi'.

CAPITOLO 3

Oggi come oggi, il nostro Presidente sa benissimo che se esistessero media in grado di filtrare effettivamente sui tag lui sparirebbe probabilmente di scena.

Se immettessi nel mio sistema del futuro il tag "Berlusconi" con un indice di interesse bassissimo, anche la notizia clou del giorno ma che contenesse il suo nome, non mi verrebbe presentata e io non la leggerei.

Il che e' molto plausibile e corrisponde ai miei desideri.

Oggi, per esempio, non avrei letto della riforma delle pensioni: sinceramente oggi non mi interessava anche se capisco che e' una notizia da prima pagina.

Cominciate a entrare in quello che dico?

Le notizie che oggi vanno a comporre le prime pagine di quotidiani o siti internet non rappresentano il nostro interesse.

Le nostre prime pagine, in futuro, le vogliamo personalizzare noi, mi sbaglio forse?

In prima pagina, le prime news che ci verranno presentate alle sette di mattina davanti a un caffe', saranno quelle corrispondenti ai tag ai quali abbiamo mostrato piu' interesse.

Ognuno i suoi quindi.

3.16 Il fenomeno dei Blog

Tra i fenomeni del nuovo modo di interagire "2.0" con le informazioni sulla Rete, quello che piu' ha preso campo in tempi recenti e' sicuramente l'uso del Blog.

Un Blog e', talvolta, l'espressione del singolo individuo o, piu' spesso, di un gruppo di persone (o comunita') che hanno un interesse comune.

Cerco, comunque, di andare con ordine.un Blog e' utile soprattutto per coloro che non hanno molta dimestichezza con la tecnologia e, in particolar modo, con la creazione e la manutenzione di un sito web.potrei assimilare il blog a un'estensione naturale del web 1.0, ad esempio a un'alternativa piu' facile da usare ed economica del proprio sito web personale. All'inizio, infatti, molti blog si sono sviluppati proprio per andare incontro a quegli utenti che non riuscivano a creare un propro sito, vuoi per la mancanza di conoscenze tecniche (html, form, ecc...), vuoi perche' nei blog sono stati creati "wizard" molto semplici e funzionali che fanno fare le stesse cose in meta' del tempo. Il motivo per cui non ho inserito questo paragrafo sui blog successivamente alla trattazione del web 1.0, e' perche' i blog consentono un minimo di interattivita' e introducono un concetto completamente nuovo per la "vecchia" Rete, cioe' l'utilizzo dei Tag.

- Parlando di **interattivita'**, per la prima volta un blog puo' essere commentato da altri utenti, altri possono creare dei "post" che abbiano attinenza con il blog stesso. Anche se esiste il concetto di "moderatore", ovvero colui che ha creato o amministra il blog che puo' decidere se tenere o meno un certo post o commento, si ritiene il blog come abbastanza libero da interferenze, si e' liberi di interagire (interattivita') con le informazioni ivi contenute.

- Ogni post che viene scritto o commentato, puo' essere in qualche modo indicizzato in modo innovativo. Sfruttando delle parole (o Tag) chiave, e' possibile nella Rete (o Blog all'interno del blog stesso) fare delle ricerche e ritrovare esattamente quel contenuto del Blog.

Ho pensato che riportare qualche maschera del mio blog potesse aiutarmi nella trattazione dell'argomento (e finalmente non avevo problemi di copyright a farlo!):

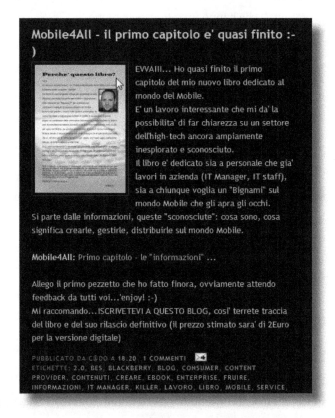

In quest'esempio (un post), ci sono tutti gli elementi di cui sto parlando:

- testo scritto, ovvero il Titolo del post e il suo svolgimento
- oggetti multimediali, in questo la foto di una pagina del mio libro
- link a altri documenti, la riga "Mobile4All: Primo Capitolo..." ne contiene uno
- commenti, come si vede dalla riga di chi ha pubblicato il post ... e infine ...
- tag, ovvero parole chiavi con le quali voglio che questo post sia trovato sulla Rete

CAPITOLO 3

Quindi, un Blog e' un concetto allargato di sito Web, dove viene mantenuto il concetto di voler pubblicare un certo contenuto di interesse (nel caso di blog personali, il contenuto puo' essere anche cosa si e' fatto ieri sera per cena, a mo' di diario insomma). Oltre a testo scritto, immagini, suoni e link di vario tipo, recentemente i blog si stanno muovendo verso un'interattivita' allargata verso chi li utilizza.

Troviamo spesso, infatti, degli oggetti "auto-assistiti" che svolgono un preciso compito di informare o interagire con il fruitore del blog: tra questi, i piu' importanti sono oggetti che riportano le news del giorno, le previsioni del tempo, l'andamento di borsa o magari l'orario dei treni in partenza dalla propria citta'.

Il termine inglese che descrive questi oggetti e' **Widgets** , presenti anche nelle versioni standard dei sistemi operativi quali Apple Leopard o Microsoft Windows Vista. Io, ad esempio utilizzo un Service provider molto famoso (Google) per il mio blog che mi da' la possibilita' di gestire, senza scrivere una riga di codice Html (o peggio ancora Javascript) il mio blog http://lcodacci.blogspot.com/ .

Se vi collegate a questo indirizzo, troverete sulla destra e in basso rispetto ai post, una discreta quantita' di widgets che BlogSpot (Google) mi ha messo gratuitamente a disposizione.

Naturalmente, essi sono spesso fuorvianti rispetto al contenuto del proprio blog, quindi e' buona regola utilizzare quelli di proprio interesse o comunque attinenti agli argomenti trattati.

3.17 Il fenomeno dei Social Network

Come ho evidenziato nel capitolo precedente dedicato ai blog, la Rete (e di conseg-uenza il modo di fruire delle informazioni) e' evoluta "accomunando" persone con un interesse simile, all'inizio mettendo a disposizione di chiunque strumenti in grado di pubblicare qualsiasi informazione (siti web 1.0) , poi evoluti verso forme di intera-zione piu' soddisfacente come i blog.

In un blog, cio' nonostante, l'interattivita' era ed e' spesso anonima.

Utenti con l'hobby della fotografia, partecipano al mio blog con i nomi "nikon123", "otturatorespento", ecc... :))

Nel pieno rispetto della privacy, direte voi. Tuttavia, cosa succede quando la privacy diventa un ostacolo alla comunicazione? Cosa accade quando l'utente si prende la responsabilita' di farsi riconoscere, di dire chi e' come persona reale, cosa fa nella vita e appone una "firma" ai propri contenuti che pubblica in Rete?

Risposta semplice: nascono i Social Network !

Nomi che stanno facendo epoca (o trend) come MySpace® o FaceBook® vi dicono qualcosa?

Se la risposta e' si', stiamo parlando del non-plus-ultra della comunicazione, dell'ultimo ritrovato della tecnologia ma anche del modo con il quale si crea e fruisce dell'informazione oggi giorno.

Ma e' proprio cosi'?

Seguitemi in questo viaggio all'interno dei Social Network piu' famosi e scopriremo le insidie che sono contenute.

Certo, di primo acchito, l'interfaccia di FaceBook, ad esempio, e' fantastica e mi offre delle possibilita' di comunicazione incredibili.

Deve essere esattamente quello che pensano i milioni di utilizzatori quotidiani del popolare social network della Rete.

CAPITOLO 3

La registrazione e' pure gratuita! Figuriamoci se ci si lascia scappare questa opportunita' :-)

Dopo una prima fase in cui si inseriscono le proprie generalita' e i propri interessi (fondamentali per non annoiarsi dopo 2 giorni), si scoprono subito i vantaggi e i limiti di un social network.

Tra i vantaggi posso sicuramente annoverare il fatto che si ritrovano persone che pensavamo "scomparse" (no, non in quel senso ..che avete capito ?!).

E' bello ritrovare dopo tanti anni il proprio compagno delle elementari o l'ex collega; discutere con loro di cosa abbiamo fatto negli ultimi 20 anni, forse, non e' proprio il massimo invece.

Un social network, pero', in qualche modo e' anche il punto di arrivo del proprio blog, perche' riesco a fare tutto quello che facevo prima (creare post, inserire immagini, usare widget) ma con una base allargata di utenti gia' potenzialmente interessati alle informazioni che sto pubblicando.

Cio' e' talmente vero che alcuni servizi che facevano creare siti web personali o blog stann o chiudendo i battenti (Facebook vi permette di importare i post come Note sulla vostra pagina). Questo forse e' l'aspetto che viene un po' tralasciato quando si parla di social network: sostanzialmente rappresentano delle "comunita' di blog" con il vantaggio che si trovano tutte le informazioni di interesse raggruppate senza la necessita' di una pubblicita' mirata.

Insomma, si da' per scontato che i miei amici piu' intimi, i miei ex colleghi, in qualche modo siano "per forza" interessati a quello che ho da dire.

Saranno "necessariamente" interessati alle foto del mio ultimo viaggio, all'ultima canzone pop che ho scritto o a sapere se nel frattempo mi sono rotto una gamba cadendo di bicicletta o un dito nel tentativo di accendere la mia famosa macchina fotografica :))

CAPITOLO 3

E se non fosse cosi'? :)

Che succede se mi sbagliassi e a nessuno frega niente di quello che ho da pubblicare?

Beh, andro' a vedere se gli altri miei amici/conoscenti hanno LORO qualcosa che mi interessa: se, cioe', posso attingere alle loro informazioni, un po' come facevo nel vecchio modello web 1.0 insomma.

Chi ha progettato il modello del Social Network aveva bene in mente che ognuno di noi, fondamentalmente, vuole esserci, vuole dire al mondo intero: "Eccomi, sono qua, sono io, Lorenzo Codacci che vi vuol dire questo e quello".

E' stato palesemente sfruttato il nostro comune desiderio di creare e fruire di informazioni, anche quelle riservate e tutelate normalmente dalla privacy.

Tutte le campagne, le rivolte degli utenti Internet contro le violazioni dei propri diritti in Rete, da oggi dovranno fare i conti con lo sviluppo crescente dei Social Network.

Le informazioni valgono oro: quelle private platino, direi!

E' notizia di questi giorni, la rincorsa dei vari giganti per accaparrarsi l'immensa mole di informazioni presenti sui database di Facebook o MySpace di noi "poveri" utenti. Noi siamo quelli da "sfruttare"... le nostre informazioni personali, come passiamo il tempo libero, con chi viviamo, come, quanti anni abbiamo; ognuna di queste informazioni presente su un social network ha un valore spropositato per chi vorra' farne strumenti di marketing e vendita nel prossimo futuro.

Vi ricordate qual'era la regola nr. 1 ? Conoscere il mercato.

Appunto: il mercato siamo noi!! Il cerchio dell'informazione si chiude.

A fianco dei social network tradizionali che ,per ammissione dei loro fondatori, hanno costi di gestione altissimi, sono nati anche dei "business" social network come LinkedIN che poggiano la loro esistenza su una registrazione spesso a pagamento, a fianco dell'ormai consolidata revenue da banner pubblicitari sul sito.

Myspace , ad esempio, si e' comprato LinkedIn nel 2005 per questo fattore economico.

CAPITOLO 3

Vorrei porre l'accento su questo fenomeno: blog e social network stanno di fatto incrementando considerevolmente l'interattivita' presente sul Web.

Per i fruitori dell'informazione questo e' un vantaggio?

Parrebbe di si', anche per i creatori a dire il vero, perche' all'aumentare del grado di interazione tra chi crea l'informazione e chi ne fruisce, aumenta la qualita' dell'informazione stessa.

Campagne di screditamento di questa teoria si sono protratte nel tempo e hanno seminato il dubbio e l'incertezza nel terreno fertile dell'utente della Rete che stava solo da poco prendendo dimestichezza con la gestione dell'informazione.

Tornando al discorso iniziale, il social network ha esteso e trasformato il concetto nato col web 1.0, ripreso poi dai blog: esserci.

I siti personali pubblicizzano una sola vera informazione: NOI!

Il maggior contenuto, il tag piu' ricorrente del nostro blog e' il nostro nome, noi siamo i protagonisti, gli autori dei dati e spesso questi dati parlano proprio di noi.

Siamo diventati l'informazione stessa.

La alteriamo, la manipoliamo? Certo che si'.

Attenzione che sto parlando dei blog personali e non di quelli tematici, anche se in questi ultimi il nostro zampino si riconosce sempre.

Il social network riprende questa mentalita' per promuovere noi stessi.

Veniamo etichettati come "amici" e questo ci da' diritto a dire/fare/scrivere cio' che vogliamo.

Questo non rispecchia nessuno dei criteri base di cui abbiamo discusso circa la qualita' di fruizione dell'informazione.

Chi l'ha detto che siamo attendibili, che siamo responsabili di quello che scriviamo? Chi garantisce che stiamo creando contenuti di qualita'? Nessuno.

CAPITOLO 3

Auspico una prossima evoluzione dei social network nello spirito di quanto detto finora: una maggiore considerazione di questi aspetti che vadano nella direzione di creare del valore aggiunto.

Voglio poter dire nelle mie preferenze di Facebook quali sono i contenuti che mi interessa leggere, non tanto se creati da quella o quell'altra persona mia amica, ma che parlino di cose di mio interesse.

Vorrei che Facebook tenesse traccia dei miei commenti e di cosa dico che "mi piace": vorrei che la volta dopo mi riproponesse contenuti analoghi, foto, video o note che siano.

Questo e' un sistema intelligente e appagante.

E' un'esperienza unica che mi consentirebbe di sentirmi veramente in una grande famiglia di amici e di seguire le conversazioni che mi interessano come farei in pizzeria o al pub.

Introdurrei un modello di pay-per-view perche' sono ben disposto a pagare se il video di quel mio amico e' veramente interessante.

Rinuncerei d'altronde a tutti i contenuti spazzatura che si leggono quotidianamente tipo "sto dormendo", "ora esco", ecc... piuttosto metterei un qualcosa tipo "pay-per-create" che obblighi chi crea informazioni a responsabilizzarsi di quello che sta immettendo in Rete: credo che la qualita' dei dati che troveremmo migliorebbe sensibilmente.

Sarebbe un cane che si morde la coda: e' vero che pago per immettere dei contenuti, ma ricevo una royalty dal sistema per gli utenti che pagano per fruirli.

Puo' funzionare vero?

3.18 WEB 2.0 e IT verde

Il CEBIT® dello scorso anno (2009) ha posto l'attenzione sul problema dell'inquinamento prodotto dal settore IT, dalle apparecchiature informatiche che sembrano generare, secondo recenti sondaggi, molta energia inquinante.

Il termine che e' stato coniato per descrivere questa attenzione al cosiddetto IT verde o IT ecologico, e' WebSociety, per gli amici Webciety.

In particolare, sono stati condotti degli studi sul consumo medio annuo delle enormi Server Farm di Content/Service provider che, specialmente quelle su larga scala negli USA e in certi Paesi asiatici, utilizzano energia quanto delle centrali nucleari.

Non voglio qui soffermarmi sull'aspetto dei materiali che vengono usati per la tecnologia e che ancora non siamo riusciti a smaltire in modo corretto e ecologico.

Lascio la diatriba a chi se ne intende piu' di me.

Vorrei piuttosto affrontare la problematica dal consueto punto di vista delle informazioni.Le attrezzature che usiamo per creare o fruire informazioni hanno tutte una costante: consumano un sacco di energia.

Stiamo notando recentemente che anche la spia dello stand-by del nostro televisore consuma tanto, se sommiamo tutte le televisioni del mondo.

Questo si traduce in un inquinamento maggiore.

Dobbiamo produrre sempre piu' energia per far fronte alle necessita' delle apparecchia

ture tecnologiche o e' l'approccio alle informazioni che e' sbagliato?

Il televisore sta in stand-by per un solo motivo: essere pronto a accendersi il piu' presto possibile, come se morissimo dalla voglia di essere informati o avessimo paura di perdere l'attimo, quel notiziario che potrebbe sconvolgerci la vita o quel programma che assolutamente non vogliamo saltare.

Ce ne rendiamo conto?

CAPITOLO 3

Quando addirittura la tv e' accesa, quante di quelle informazioni ci interessano veramente?

Ci hanno insegnato che la tv e' un elettrodomestico che consuma poco e ora questo lo associamo al fatto che inquina poco.

Non e' cosi'!

Moltiplichiamo il nostro consumo pro-capite di tv per quanti siamo e vedrete quanta energia stiamo utilizzando per vedere programmi spazzatura o notiziari che danno una notizia che ci interessa ogni 100 che pubblicano.

La tv e' obsoleta...la tecnologia che ne sta alla base e' vecchia, e' tipicamente "1.0" perche' ci manda informazioni, ci offre cose che probabilmente non ci interessano.

Se potessimo dire alla tv: "Accenditi solo quando c'e' quel determinato programma" oppure "Tutte le volte che capti la parola chiave (Tag) "Grande Fratello" " risparmieremmo un sacco di energia e consumeremmo veramente una frazione di quello che facciamo adesso.

La rivoluzione verde passa da questi concetti:

Gli strumenti tecnologici devono essere al nostro servizio, e non il contrario.

Lo zapping e' una pratica vecchia quanto lo e' un pc con i floppy disk: ci capiamo?

Ci stanno vendendo apparecchi la cui batteria dura sempre di piu', ma le batterie inquinano.

Cosa me ne faccio di un palmare che sta acceso una settimana se ricevo email o notizie o gestisco info che non mi interessano o comunque solo in parte?

La batteria deve durare SOLO per gestire quelle informazioni che voglio, non per fare dei controlli periodici sulle email , sul calendario o su determinati siti web di news.

La lavatrice la accendiamo solo quando serve giusto?

Perche' non fare la stessa cosa con il resto della tecnologia?

CAPITOLO 3

Sul fronte puramente dei materiali utilizzati, si stanno invece facendo passi da gigante.

La nascita della virtualizzazione, la possibilita' di compattare piu' server o pc su un'unico super-computer e' una svolta epocale che viene incontro all'IT verde del prossimo futuro. Un'azienda acquista un'unico server super potente e puo' gestire tanti server in un'unico hardware. Possiamo fare la stessa cosa col frigorifero o con la lavatrice o con la tv? Con la tv sicuramente si'!

Non ha al momento nessun vantaggio rispetto a un pc dotato di antenna o di connessione a Internet. Sostanzialmente e' un oggetto che visualizza solo qualcosa.

Nel portare avanti questa filosofia, ho creato un progetto ad hoc all'interno del mio gruppo e del mio libro Mondi Opposti che si chiama "Killer Contents"®.

Il progetto ha come finalita' la comprensione totale e senza eccezioni del ciclo di vita delle informazioni nei Paesi in via di Sviluppo come l'Africa. Sappiamo da recenti sondaggi che questo continente sta crescendo nell'ambito mobile con cifre forse a tre zeri, scavalcando completamente il mercato della telefonia fissa che ha caretterizzato il nostro progresso tecnologico a cavallo tra gli anni '90 e 2000. Se non stiamo attenti a come tale progresso crescera' nel continente nero, e' probabile che ci troveremo di fronte a una nuova ondata di sprechi senza precendenti: un mare di tecnologia obsoleta lasciata a se' stessa che inquinera' come non mai. Lo scopo del progetto Killer Contents e' peranto quello di sensibilizzare chi lavora nel campo del mobile, tecnici, produttori di device su quanto sia importante progettare apparecchi poco inquinanti che puntino a gestire solo quello di cui la gente ha bisogno.

Come vedremo dal prossimo capitolo, nell'ambito mobile e' fondamentale costruire "sopra" a quanto gia' realizzato sul fronte ad esempio delle applicazioni per non incorrere in inutili sprechi di cui il nostro amato pianeta Terra ci presentera' presto il conto.

3.19 Fruizione Mobile: Il Mobile layer

L'utilizzo di un device mobile e' probabilmente il miglior modo per affacciarsi al nuovo mondo del "2.0".

Da un sito web di recente tecnologia, sia esso a fini aziendali o consumer, arricchito di contenuti da content provider enterprise o consumer, ci si aspetta sostanzialmente che l'informazione sia **in tempo reale e sintetica**.

Come abbiamo visto nel paragrafo precedente dedicato al foto giornalismo, tanto per fare un esempio, lo scopo delle applicazioni in ottica 2.0 e' quello di far partecipare sempre piu' persone a **fornire le informazioni di pubblico interesse**, ma anche a fare in modo che i fruitori di tali dati siano aggiornati velocemente e ovunque si trovino.

Ho coniato questo termine inglese "Mobile Layer" per intendere lo strato software delle applicazioni pensato per chi debba interagire con le informazioni usando un dispositivo mobile.

In pratica, quando chi ha prodotto l'applicazione pensa a come farla utilizzare dagli utenti con un palmare o comunque un laptop in giro, mentalmente aggiunge delle maschere e/o dei menu **ottimizzati**, spesso un sottoinsieme di quelli originali: difficilmente, infatti, troveremo un'applicazione che giri su mobile che abbia piu' funzionalita' di quella originale pensata per dispositivo fisso.

Tanto per fare un esempio, immaginiamoci un applicativo che consenta agli agenti di vendita di inserire gli ordini quando sono dai clienti (in mobilita', quindi).

Un Project Manager che sviluppi questo Mobile Layer per questa semplice SFA (Sales Force Automation), avra' come obiettivo prioritario quello di semplificare la vita agli agenti, consentendo loro, con pochi clic sul palmare, di inserire un ordine completo senza dover necessariamente districarsi tra migliaia di voci di menu.

La conoscenza del Mobile Layer da parte delle aziende chiude con precisione il ciclo di vita delle informazioni.

CAPITOLO 3

Quindi, ribadisco il concetto di "sintetico" nel mondo mobile, sia che si tratti di contenuti , sia che si tratti di interfaccie (modo di interazione con l'applicazione).

A proposito di interfaccie, viene da se' che anche la **grafica** dell'applicazione dovrebbe essere quanto piu' **"user-friendly"** (semplice da usare) possibile, contenere giusto le immagini e icone indispensabili, ma senza mai appesantire l'applicazione stessa e i dati vitali che questa si trova a gestire.

Ricordiamoci che un altro aspetto che abbiamo detto importante e' la velocita' con cui viaggiano le informazioni (in tempo reale), per cui si deve tener conto della **banda disponibile** su un dispositivo mobile (sicuramente inferiore a una postazione fissa) e della **capacita' di aggiornamento** in tempi rapidi del palmare.

Ritornando all'esempio dell'applicazione gestione ordini, quindi, la grafica di tale prodotto sara' ridotta all'osso, anzi nella stragrande maggioranza delle maschere solo testo e con la possibilita' di disattivare anche quelle poche immagini/icone da menu utente.

Inoltre, l'azienda che gestisce l'applicazione dovra' dotare la forza vendita di un terminale mobile in grado di aggiornarsi in tempo reale e senza il minimo sforzo da parte dell'agente di vendita.

E' necessario che questi abbia il listino prodotti, le eventuali foto e tabelle esplicative dei servizi che sta proponendo al cliente, ma senza che debba eseguire operazioni complesse sul proprio palmare (anzi, sarebbe meglio che non dovesse fare niente, con il rischio che diventi un tecnico e che debba conoscere l'applicazione a fondo).

PEr l'agente di vendita, avere sempre aggiornate queste informazioni e' come avere sempre con se' (nelle dimensioni di un palmare) brochure, moduli per l'ordine e documentazioni varie dei prodotti: un vantaggio che parla da solo!

CAPITOLO 3

Scendendo un po' nel dettaglio, vorrei cominciare a dare dei numeri e delle sigle che sentite nominare spesso in giro, cosi' da aiutarvi nella comprensione dell'argomento. Se rileggete attentamente le 2 pagine precedenti a questa, vi accorgerete che tutta l'attenzione del Mobile Layer delle applicazioni 2.0 e' incentrata su 2 parole fondamentali:

- **Velocita'** (tempo reale, capacita' di aggiornamento, ecc...)
- **Compressione** (menu ottimizzati, user-friendly, sintetica, ecc...)

I 2 concetti sono intrinsicamente collegati tra loro perche', tanto piu' l'informazione e' compressa e semplice da gestire, tanto piu' viaggia veloce e tanto piu' viene usata "velocemente" da chi ne deve fruire.

In un'applicazione 2.0, solitamente ci si trova a dover gestire:

1. testo; pesantezza: pochissimi "kbyte"

2. immagini; pesantezza: pochissimi "kbyte" per icone e voci di menu, formati ottimizzati (jpeg, png) per immagini di altro tipo (foto prodotti ad esempio)

3. video/suoni; la multimedialita' e' sempre piu' presente sia in applicazioni consumer che aziendali e si cerca comunque di ottimizzarne il flusso ma qui la pesantezza puo' sforare abbondantemente il "megabyte" per ogni file scambiato su palmare

4. l'applicazione stessa intesa come codice compilato; le applicazioni vengono aggiornate da chi le ha prodotte con sempre piu' frequenza e tale operazione viene eseguita sempre piu' spesso in modalita' "wireless", senza quindi che il palmare debba essere collegato a una postazione fissa per l'aggiornamento, ovviamente qui la pesantezza varia in base alla complessita' e ai moduli usati dall'applicazione stessa ma si puo' eccedere tranquillamente il "megabyte" di informazioni

CAPITOLO 3

Ricordiamoci a questo punto che stiamo parlando di strato "mobile" di un'applicazione e quindi la tecnologia usata per "far fluire" le informazioni e' di fondamentale importanza.

Sullo scenario internazionale troviamo i seguenti protocolli di comunicazione mobile:

- UMTS (velocita' da 300kb a 2Mb/sec.)
- EDGE (velocita' c.a. 200kb/sec.)
- GPRS (velocita' c.a. 40kb/sec.)

Faccio riferimento al mio inseparabile amico Wikipedia e trovo:

Il **sistema UMTS** *supporta un transfer rate (letteralmente: tasso di trasferimento) massimo di 1920 kb/s. Le applicazioni tipiche attualmente implementate, usate ad esempio dalla reti UMTS in Italia, sono tre: voce, videoconferenza e trasmissione dati a pacchetto.*

Nella stessa pagina si trovano anche degli aggiornamenti per quanto riguarda i protocolli di ultima generazione come l'HSDPA, estensione dell'UMTS, ancora piu' performante e veloce con la precisazione: "Con il lancio di tariffe flat su tecnologia HSDPA, e con l'implementazione della tecnologia HSUPA (che migliore la velocità in upload), i servizi definiti "a banda larga mobile" possono essere considerati come alternativa alle connessioni ADSL fisse, e concorrenti delle future reti WiMAX".

Insomma, siamo tornati ai discorsi che facevo nei capitolo precedenti: creare, fruire e far fluire le informazioni in qualsiasi momento e dovunque ci si trovi.

Continuiamo il nostro viaggio :)

3.19.1 Push o Pull ?

Lo scenario che si sta delineando nel corso del libro e' questo: "Preferiamo ricevere le informazioni col minor sforzo possibile (PUSH) o vogliamo essere noi a decidere quando ci servono e solo in quel momento andarcele a cercare (PULL) ?"

Il dilemma PUSH o PULL e' visibile in tutte le tecnologie che oggi si occupano di gestire le informazioni: se una newsletter periodica o un sms tematico si possono considerare servizi tipicamente PUSH, un motore di ricerca che utilizziamo o la semplice navigazione su Internet sono evidentemente modi PULL di reperire i dati che ci servono. Le 2 modalita' presentano vantaggi e svantaggi ambedue, tra i quali potremmo annoverare:

CARATTERISTICA/SERVIZIO	PUSH	PULL
Mole di dati	Alta	Medio/Bassa
Qualita'	Media	Medio/Alta
Efficienza	Alta	Medio/Bassa
User Experience	Bassa	Alta
E-mail	n.c.	n.c.
Web	n.c.	Alta
Blog / Forum / Social Network	Media	Alta

E' interessante notare come, al di la' del servizio email dove, o che decidiamo di ricevere la posta in PUSH o andandosi manualmente a prendersi i messaggi la mole di informazioni e la loro qualita' non cambi, per tutte le altre caratteristiche il discorso cambia. Nella nostra vita di tutti i giorni a contatto con le informazioni, operiamo delle scelte: in alcuni casi preferiamo riceverli "comodamente" senza sforzo, in altri ce le andiamo a prendere.

CAPITOLO 3

Riprendendo poi la considerazione fatta all'inizio di questo capitolo su quali sono le caratteristiche alle quali stanno attenti i fruitori di informazioni, potremmo aggiungere:

CARATTERISTICA	PUSH	PULL
Fruizione Enterprise	Alta	Medio/Alta
Fruizione Consumer	Media	Alta
Tecnologia Fissa	Bassa	Alta
Tecnologia Mobile	Alta	Media
Popolarita' dei contenuti	Alta	Alta
Tagging dei contenuti	Alta	Alta
Contestualizzazione	Alta	Alta

Le 2 tabelle vanno lette utilizzando la chiave di comprensione che le caratteristiche o servizi che hanno come equivalente Alta si riferiscono a quelle funzionalita' che usiamo piu' frequentemente per avere informazioni interessanti per noi.

Secondo questo schema, e' infatti lecito immaginarsi che le ultime 3 voci qui elencate siano quelle ad avere il corrispondente grado di interesse tra i piu' elevati.

Vogliamo avere le informazioni che piu' interessano il mondo la' fuori (popolarita'), che maggiormente interessano noi (tagging) e di interesse nel posto dove ci troviamo (contestualizzazione): che ci arriviano in modalita' PUSH o PULL poco importa!

Un altro elemento da non trascurare e' come ci arrivano queste informazioni nelle due modalita', ovvero che percorso fanno prima di arrivare a noi i dati ai quali ci mostriamo interessati. Nella logica PUSH e' piuttosto consueto pensare che il grado di interpretazione dei dati sia piuttosto alto; se infatti mi iscrivo oggi a un servizio di previsioni del tempo o alle news finanziarie, posso scegliere di farmi mandare gli aggiornamenti in email anche 1000 volte al giorno e questo viene considerato un servizio in PUSH.

CAPITOLO 3

Io utente non compio nessuno sforzo per sapere che tempo fara' domani o per conoscere i valori azionari dei miei titoli di borsa: consulto la mia email (o il mio palmare) e avro' questi dati disponibili per essere fruiti.

Ci saranno dei giorni nei quali queste informazioni saranno di mio interesse (domani devo andare a sciare e voglio sapere come sara' il tempo, oppure devo fare un investimento e voglio capire di quanta liquidita' posso disporre nel secondo caso), ma ce ne saranno altri in cui queste informazioni per me saranno pura spazzatura.

Potrei allora concludere che la tecnologia PUSH e' spazzatura e quindi non mi e' utile? Nient'affatto! E' il modo con la quale la si usa oggi giorno a essere ormai obsoleto. La tecnologia PUSH va abbinata a quelle caratteristiche o servizi dove il grado di interesse del singolo utente sia alto, il piu' elevato possibile.

Se domani vado a sciare, e' ovvio che vorrei le previsioni del tempo aggiornate nel piu' breve tempo possibile, relative alla zona esatta dove sono le piste e correlate di tutte le informazioni di contorno (strade di montagna chiuse, valichi impraticabili, ecc...) PUSH perche' il sistema di gestione delle informazioni "sa" che io domani vado a sciare, sa' che vado li' e cosa mi interessa sapere e quindi mi "manda" i dati lui, il prima possibile senza aspettare che sia io a fare la richiesta 1000 volte al giorno. In tutti gli altri casi, invece, dove la velocita' di reperire le informazioni non sia cosi' elevata, posso essere benissimo io utente a "richiedere" i dati usando la tecnologia PULL. Casi come questo potrebbero essere tutte le volte in cui decido di sapere cosa e' successo oggi nel mondo finanziario ma senza avere un'idea precisa di cosa cercare o essere interessato a un singolo argomento , ma voler spaziare su piu' mercati e borse azionarie.

Quello che vedo nel prossimo futuro, quindi, e' un mix tecnologico: parte delle informazioni le riceveremo in PUSH, parte in PULL, stara' solo a noi decidere modalita' e tempi.

3.19.2 A ognuno il suo...

I dispositivi con i quali fruiremo delle informazioni che ci interessano seguono questo schema.

Il titolo del paragrafo "A ognuno il suo" la dice lunga: useremo certi dispositivi per la modalita' PUSH, certi altri per quella PULL.

Un dispositivo mobile come un palmare, ad esempio, si presta molto di piu' per la tecnologia PUSH.

Va benissimo per leggere i contenuti delle email che reputiamo importanti in quel momento, e' ottimo per vedere quali appuntamenti ho quel giorno o per ricercare il numero di telefono da chiamare di quell'amico o cliente.

Non va affatto bene per navigare su Internet, sfogliare un giornale elettronico o guardarsi un documentario sugli Orsi dell'Alaska: questi sono casi dove la modalita' PULL presuppone che sia comodamente seduto al mio pc di casa, con uno schermo decisamente piu' grande, senza confuzione intorno che mi possa deconcentrare.

Viene da se' che ognuno di noi preferirebbe scegliere quali informazioni leggere su un dispositivo mobile piuttosto che su uno fisso e la scelta, a questo punto, e' necessariamente vincolata al fatto che intendiamo usufruirne in PUSH o PULL.

In attesa che le applicazioni , i software rispecchino questo modello, la domanda che dobbiamo porci e':

"Cosa devo farci con questo dispositivo? Quali informazioni ci dovro' gestire?"

E' una scelta semplice...e puo' farvi risparmiare un mucchio di quattrini! :-))

Alla fine i costi hanno un impatto notevole sulla scelta dei dispositivi con i quali fruiamo delle informazioni.

Un IT Manager che acquista dei palmari per l'azienda ragiona evidentemente su altri parametri rispetto al teenager che lo compra per il proprio svago.

Flusso dell'informazione

Mi pare un concetto sia ormai chiaro: le informazioni si muovono.

La conoscenza si muove.

Non esiste un posto, un luogo fisico o una singola persona depositari del sommo sapere e che contengano tutte le informazioni in nostro possesso.

Che si tratti di dati utili alla nostra vita privata o lavorativa, e' necessario scovarli, andarli a cercare.

Questo "spostamento" e' un flusso continuo; come abbiamo gia' affrontato nei precedenti capitoli del libro, c'e' chi crea e c'e' chi fruisce.

Insomma, la ruota gira ...e non smette mai di farlo.

Continuamente, nel corso delle nostre esistenze in cui siamo sommersi e costantemente abbracciati dalle informazioni, ci sono momenti in cui diamo del valore aggiunto agli altri creando qualcosa di nuovo, fornendo dati che prima non esistevano e momenti in cui invece beneficiamo dello sforzo altrui.

Un flusso che deve essere aiutato, deve essere gestito.

Se in passato, poche persone detenevano la stragrande maggioranza dello scibile umano ed avevano di conseguenza poca necessita' di farlo "fluire", oggi la situazione e' opposta.

Nel mondo informatizzato in cui viviamo, grazie alla Rete e' possibile mettere in movimento una gran mole di informazioni ed ognuno puo' accedere a qualunque dato e da qualunque luogo.

Quest'ultima affermazione e' vera solo per ancora un numero ristretto di persone, ma la vera sfida del XXI secolo sara' proprio quella di rendere accessibile anche al Terzo mondo e alle popolazioni disagiate la stessa mole di informazioni a disposizione dei Paesi del cosiddetto mondo occidentale.

CAPITOLO 4

A questo punto, sorgono spontanee alcune domande:

1. Ma chi e' che mette in moto le informazioni?

2. Chi sta dietro a quanto abbiamo detto finora circa creazione e fruizione dei dati?

3. Chi rende possibile e controlla questo flusso di informazioni eterogenee, multi-mediali, questo mare di "bit"?

La risposta e' semplice: **l'architetto**

Quello che mi ha progettato casa o quello che ha costruito la cupola del Duomo nella mia citta'? Una specie direi...

Effettivamente, questa figura professionale non e' molto conosciuta agli occhi del Grande Pubblico, ma e' la vera responsabile della riuscita o meno di un certo flusso di informazioni.

Organizzazioni come Google o Microsoft, tanto per citare aziende che hanno fatto fortuna nell'era informatica/va, hanno al loro interno architetti degni di un Calatrava.

Se all'interno delle aziende di un certo tipo, l'Architetto e' una figura professionale vera e propria, tale ruolo e' presente anche nel mondo prettamente consumer.

Avete mai l'impressione che le informazioni siano coerenti , soddisfacenti per voi solo in determinate situazioni?

Oppure talvolta vi sentite trattati come contenitori da quei media che vorrebbero subissarvi di una mole di dati che il vostro cervello stenta a contenere?

Sono esempi all'opposto di una buona (nel primo caso) o cattiva (nel secondo) gestione del flusso delle informazioni.

E' importante capire il nostro volersi sentire coccolati in ogni situazione, e' fondamentale fare in modo, per chi gestisce le informazioni su larga scala, che il grande pubblico percepisca il valore aggiunto e la qualita' dei dati.

Concetti, per altro, che abbiamo gia' trattato ampiamente.

4.1 Architetture a confronto: Consumer e Enterprise

Cosi' come nell'architettura tradizionale, esiste colui che disegna, crea e "fa stare in piedi" qualcosa, anche nell'informazione esiste il medesimo ruolo: l'architetto.

Sostanzialmente, questi si occupa di far "fluire" l'informazione correttamente e senza intoppi.

Fare l'architetto significa, nel mondo consumer causare meno problemi possibili a chi vuole accedere alle informazioni, nel mondo enterprise non causarne per niente.

Un architetto si chiede costantemente: "Quello che ha creato questo valore aggiunto, come vorrebbe che i fruitori ne beneficiassero? con quali logiche, strumenti, tempistiche?"

Un ponte di Calatrava deve stare in piedi, ma deve rispecchiare anche certi canoni di bellezza, estetica, nonche' essere utile, efficiente.

Il paragone con quanto fanno gli architetti dell'informazione e' palese.

Chi gestisce l'infrastruttura che sta alla base degli SMS, quegli stupendi messaggini che hanno fatto la fortuna delle compagnie telefoniche, e' un perfetto esempio di architetto consumer.

La logica di funzionamento e' semplice: qualcuno scrive un SMS e qualcuno lo legge.

Qualcuno crea del contenuto e qualcun altro ne fruisce: piu' semplice di cosi' si muore!

Cosa ci sia scritto all'interno del messaggio (qualita') o se sia un contenuto aziendale o privato (tipologia) o addirittura che il contenuto sia appropriato per l'ubicazione di chi lo legge, all'architetto non interessa.

Egli si preoccupa unicamente di far creare in modo agevole l'SMS a chi lo scrive e di farlo leggere nel miglior modo possibile a chi lo legge.

Tutto qua.

In questa frase e' riassunto lo scopo di tale figura professionale.

CAPITOLO 4

E' una sorta di figura che opera nell'ombra.

La sottigliezza e' che ha un potere enorme sul ciclo di vita delle informazioni.

Immaginiamoci se, per aprire un SMS o anche per scriverlo, dovessimo fare una serie di operazioni troppo complesse e alla fine rinunciassimo.

Sarebbe un disastro per chi ha inventato questo servizio di messaggistica e ci guadagna sopra, ma sarebbe un peccato anche per noi utenti consumer che ogni giorno ne sfruttiamo le potenzialita'.

La cosiddetta "user experience", ovvero la facilita' d'uso della tecnologia che permette di far girare correttamente le informazioni e' uno dei cardini sul quale l'architetto concentra la propria professionalita'.

Un architetto deve avere bene in mente qual'e' il "fruitore" finale dell'informazione che gli e' stato chiesto di gestire.

Esistono allora delle regole non scritte che fanno di una medesima persona fisica in un caso un fruitore "enterprise" ai massimi livelli, in un altro un comune utente "consumer". L'esempio classico che mi viene in mente e' l'Amministratore Delegato di un'azienda di grandi dimensioni, che utilizza palmari, cellulari, pc portatili per usufruire delle informazioni relative della propria organizzazione.

Nel momento in cui, questo Sig. X legge un prospetto strategico delle vendite dell'anno in corso, diventa un fruitore "privilegiato" di informazioni tipicamente enterprise.

Ecco, allora, che l'architetto si attivera' per far si' che il flusso di tali informazioni verso l'AD (Amministratore Delegato) sia immediatamente fruibile, in qualsiasi orario lo desideri e su tutti i dispositivi fissi o mobili di cui e' in possesso.

Le applicazioni che mostrano questi dati, a questo punto sono di vitale importanza, vengono in quest'ottica inquadrate come "killer applications": sono cioe' gli strumenti di cui l'utente fruitore (in questo esempio un "pezzo grosso" aziendale) non puo' fare a meno.

CAPITOLO 4

Compito nr.1 per un architetto che voglia guadagnarsi il pane ed essere considerato anch'esso di "vitale importanza" e "produttivo" all'interno della sua organizzazione, e' di avere bene a mente quali siano le applicazioni "cruciali" (altro modo per chiamare le "killer applications"), come descritto al capitolo 5.

Ma chi sono questi personaggi "creativi" che si aggirano nei CED aziendali e che si vantano di gestire il flusso informativo? In taluni casi, coincidono con il ruolo di IT Manager, descritto precedentemente a proposito del capitolo su come fruire dei dati aziendali. L'IT Manager, di contro, spesso ha un ruolo istituzionale all'interno della propria organizzazione e svolge , all'interno, di grandi Entrprise, un ruolo piu' politico che altro. In queste realta', la mansione di architetto dell'informazione viene quindi delegata a figure cresciute nell'ambiente tecnico che abbiano maturato una buona competenza nella varie aree dell'azienda (amministrazione, produzione, marketing, commerciale, R&D). L'architetto si deve preoccupare, in ordine di importanza, che l'informazione... :

1. arrivi a destinazione (e a quella giusta, possibilmente)
2. arrivi SEMPRE a destinazione (per alcuni servizi cruciali, a qualsiasi ora del giorno e della notte)
3. arrivi DAPPERTUTTO, perche' ormai le realta' in cui un fruitore dell'informazione abbia molteplici dispositivi per usufruirne, sono sempre piu' diffuse

Se una certa applicazione o le informazioni che gestisce sono considerate "cruciali", l'architetto ha il compito primario di renderle fruibili in qualsiasi momento e dovunque.

Un'applicazione come la posta elettronica, che fino a pochi anni fa era considerata uno status symbol , oggi e' considerata indispensabile anche in mobilita', specialmente se si considera che i primi che sono piu' spesso in giro sono proprio i Top Manager delle aziende.

CAPITOLO 4

Naturalmente, l'architetto sa che non tutti i servizi sono indispensabili e che mantenere la continuita' ha un costo talvolta molto elevato.

Altri aspetti di cui tener conto nella progettazione di un'architettura enterprise sono:

- *TCO* (Total Cost of Ownership), ovvero il suo costo totale, inteso sia a livello economico che di risorse impiegate

- *Sicurezza*, quindi l'aver bene in mente il grado di riservatezza delle informazioni che transitano sull'infrastruttura

- *Gestione*, cioe' la possibilita' di controllare l'architettura in qualsiasi momento

4.2 Flussi Enterprise: TCO (soluzione BES®)

In questo paragrafo approfondiro' meglio la soluzione di RIM® (Research In Motion), che ha fatto la fortuna dei terminali BlackBerry nel mondo.

La soluzione BES (BlackBerry Enterprise Server) e' quella che conosco meglio per esperienza, anche se mi aiutero' facendo parallelismi con altre analoghe presenti sul mercato. Un aspetto che e' stato a cuore all'azienda canadese fin dal primo rilascio del prodotto e' proprio il Total Cost of Ownership. Sono un architetto specializzato sul BES ormai da 8 anni e posso dire, senza timore di essere smentito, che la progettazione di tale soluzione e' stata fatta proprio con un occhio di riguardo all'IT Manager e al suo staff. Introdurre un BES all'interno della propria azienda, da' all'architetto che ha fatto questa scelta un vantaggio notevole: sa di poter gestire il flusso delle informazoni con pochissimo sforzo.

Che si tratti di far arrivare sui palmari dei dipendenti delle semplici email o i piu' complessi report di vendite, fino a migliorare il flusso complessivo delle informazioni permettendo agli agenti di creare ordini quando sono dai clienti, un architetto che si appoggi alla soluzione BES casca sempre in piedi.

Questa non e' pubblicita' occulta: come spiegavo nell'introduzione di questo libro, non sono direttamente coinvolto nei profitti della RIM, ma vedo la situazione con l'occhio distaccato di chi si interessa a come vengono gestite le informazioni in azienda.

A livello di organigramma, potremmo semplificare vedendo il Project Manager come la mente che si preoccupa del modo in cui le informazioni vengono create e fruite e l'Architetto come colui che si preoccupa che si muovano.

La parola "movimento" fa risaltare il fatto che l'Archtetto e' attento agli strumenti adeguati sul quale l'informazione circola: strumenti non adeguati la fanno muovere lentamente o la fermano del tutto.

CAPITOLO 4

Se una mail di vitale importanza venisse inviata con solerzia all'amministratore delegato di quella tale azienda ma questi la leggesse sul pc di ufficio dopo 1 settimana
di permanenza all'estero, l'informazione cruciale ne verrebbe irrimediabilmente dan-
neggiata.

E' importante dotare le persone degli strumenti adatti e questa e' la "mission"
dell'Architetto.

I palmari BlackBerry® sono in questo caso, i migliori dispositivi al mondo (parere
condiviso dagli esperti di settore) per leggere una mail in mobilita'.

Il sistema che li gestisce (BES) consente inoltre:

- gestione Opzioni parco palmari in remoto (opzioni email quali la firma, sincron-
  izzazione wireless, profili utente)

- gestione IT commands, per gestire un palmare a distanza in caso di frode o smar-
  rimento

- gestione IT policies, per poter gestire il parco palmari come se fossero dei portatili aziendali che rispecchiano i criteri stabiliti dall'IT

- deploy wireless delle applicazioni aziendali, che facilita molto la gestione ,
  l'installazione , l'upgrade di quei prodotti mobile aggiuntivi ai moduli standard
  (pacchetti Office, CRM)

- monitoring in real time della soluzione, con varie alternative in grado di assicurare Business Continuity, Disaster Recovery, FailOver

- integrazione con software di InstantMessaging aziendali quali IBM Sametime o
  Microsoft OCS

- gestione Gruppi di utenti, per applicare le stesse opzioni/policies/configurazioni
  applicative simultaneamente a piu' persone

CAPITOLO 4

- gestione Gruppi amministrativi, per fare in modo che l'IT Manager possa suddividere il lavoro di amministrazione del BES e dei palmari correlati su piu' persone del proprio staff con mansioni diverse (profilo Amministratore, Senior Helpdesk, Junior Helpdesk, ecc...)

- configurazione OTA (On The Air) dei palmari

- "push" delle informazioni (email , PIM, dati http, ecc..) reale, senza necessita' di configurare o gestire i palmari BlackBerry

Riassumendo, la soluzione BES e' molto azienda-centrica, perche' e' stata realizzata pensando a come rendere facile la vita all'IT manager (coincidente spesso con l'Architetto). Per fare un esempio di cosa fa dalla mattina alla sera un'Architetto in azienda, potrei aggiungere che spesso di trova a dover mediare le necessita' di chi crea e fruisce le informazioni (i dipendenti) con chi le vuol far muovere (i dirigenti).

Dal punto di vista architetturale, per esempio, i vincoli che RIM impone per il pieno utilizzo della soluzione BES sono:

- la presenza di un sistema di posta Microsoft Exchange® o IBM Lotus Domino®

- l'utilizzo di palmari BlackBerry (Java®)

Qualcuno lamenta questa soluzione BES essere "chiusa" perche' appunto non e' possibile prescindere dalle piattaforme di posta proprietarie Microsoft e IBM (che comunque rappresentano congiuntamente la stragrande maggioranza del mercato email) e dai palmari della stessa RIM: questo e' il "prezzo da pagare" per beneficiare di un TCO cosi' basso.

L'azienda risparmia perche' la facilita' di gestione da parte dell'architetto della soluzione e' evidente.

I dipendenti (o anche gli amministratori stessi) sono felici perche' utilizzano uno strumento al passo con i tempi come un palmare BlackBerry e possono creare email, appunramenti, to-do, note, usare dati aziendali con una user experience senza rivali.

4.3 Flussi Enterprise: Sicurezza: L'importanza di sentirsi "a casa" (soluzione BES)

Vi chiedo: "Qual'e' la prima differenza che salta all'occhio tra un fruitore di informazioni di tipo enterprise e uno consumer?"

Potreste rispondermi: "Il primo sta principalmente in azienda, il secondo sta a casa".

SBAGLIATO!!! ... O, perlomeno, non necessariamente esatto.

Dalla prospettiva Mobile in cui si pone questo libro, ho cercato di far passare il concetto che la posizione dell'utente in movimento e' rilevante soprattutto per quanto riguarda la creazione e la fruizione delle informazioni.

Lo e' anche per quanto riguarda il loro flusso, nel senso che sapere dove si trova un utente ha un peso rilevante su alcune considerazioni che l'Architetto deve fare.

Si tratti di informazioni piu' prettamente enterprise o consumer, l'Architetto deve tener conto di un aspetto chiave che ancora non abbiamo approfondito: la **sicurezza**.

Non tutte le informazioni sono uguali, alcune sono di pubblico dominio, altre riservate, ma sicuramente se chiederete a un qualunque utente in giro per strada se i propri MP3 o i propri contatti sono riservati, vi rispondera' sicuramente di si'!

Non c'e' limite alla riservatezza dei dati , specialmente quando si parla di utenti Mobile, sia virtualmente che fisicamente al di fuori di un ambiente protetto come potrebbe essere la propria rete domestica o la piu' affidabile rete aziendale.

Partendo da questa considerazione, sulla base delle architetture descritte nel paragrafo precedente, voglio illustrarvi un esempio su tutti di cosa significhi gestire le informazioni in sicurezza quando si e' in mobilita' (ancora una volta, non e' l'alternativa alla Cassa Integrazione eheh).

Vorrei farlo continuado a descrivervi l'architettura BES (BlackBerry Enterprise Server) sulla quale sono cresciuto professionalmente e che, quindi, reputo di poter analizzare con sufficiente chiarezza espositiva.

CAPITOLO 4

Quella che segue e' l'architettura del prodotto BES 4.1 (arrivato alla Service Pack 6 al momento in cui scrivo) per la piattaforma di posta Microsoft Exchange:

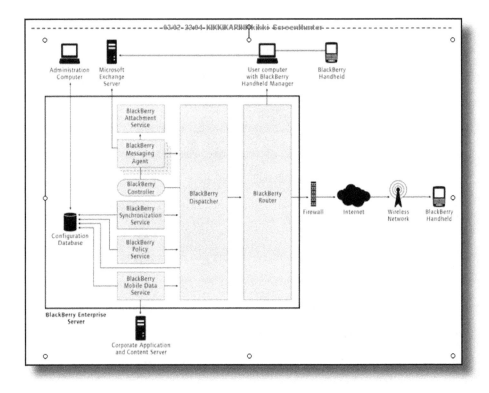

Dal punto di vista della sicurezza, vorrei soffermarmi su alcuni aspetti fondamentali che cerchero' di semplificare il piu'possibile:

1. Non si entra dall'esterno (vedete? 'sto sistema e' anti-hacker, la porta tcp/ip 3101 che tiene i contatti tra il BES e il relay di RIM e' aperta **SOLO IN USCITA**)

2. Il modulo responsabile della sicurezza delle informazioni **da e per i palmari** BlackBerry e' all'interno dell'azienda (quindi protetto come al punto 1.): il modulo prende il nome di Dispatcher e sfrutta le piu' moderne tecnologie di crittografia presenti sul mercato (3DES a 128bit o AES a 256bit)

CAPITOLO 4

1. <u>La sicurezza delle informazioni SUI dispositivi mobili</u> e' demandata alla stessa chiave di crittografia 3DES o AES che gestisce il traffico dei dati: in questo modo **si protegge anche il contenuto** dei palmari e non solo il loro traffico dall'azienda al nostro BlackBerry

2. <u>Creare o fruire</u> di informazioni da parte dei dispositivi Mobile e' demandato a un modulo che sta sempre <u>all'interno dell'azienda</u>: il modulo e' l'MDS® (Mobile Data Server)

Non so se mi spiego... **Ogni operazione cruciale per la sicurezza dei dati viene svolta all'interno dell'azienda;** *quando le informazioni "prendono il largo", ovvero escono dal firewall e raggiungono i disposivi mobili, <u>sono gia' state criptate e compresse</u> adeguatamente al fine di garantire riservatezza e performance agli utenti che ne devono fruire.*

Vi sembra poco?

A me no francamente, e non lo dico perche' lavoro in questo settore ormai da anni e la mia azienda spinge incessantemente questo prodotto e la tecnologia che ne deriva.

4.4 Flussi Enterprise e Consumer: la gestione

Un architetto si confronta costantemente con architetture di vario tipo, alcune piu' orientate al mondo Business, altre al mondo Consumer.

Come abbiamo visto a piu' riprese, la qualita' delle informazioni, il content/service provider che le erogano influenzano fortemente la piattaforma sulla quale l'architetto si trovera' a doverle gestire.

La sicurezza e' il primo fattore con il quale fare le spese.

L'azienda e' un mondo tipicamente chiuso, un content provider ma anche un fruitore di informazioni molto "blindato".

Niente entra e niente esce senza che ci sia un controllo accurato da parte di chi si occupa della sicurezza delle informazioni.

Indovinate chi e' tale personaggio? :)

L'architetto lavora a stretto contatto con il Project Manager che ha curato l'implementazione del prodotto/servizio per fare in modo che non ci siano accessi non autorizzati alle informaioni che l'azienda sta erogando.

Se tali figure sono coordinate dall'IT Manager, che tipicamente ha visibilita' dell'ambiente nel quale le informazioni si andranno a inserire, ne andra' a beneficio della qualita' generale del prodotto/servizio.

Non dobbiamo trascurare, inoltre, il fatto che l'IT Manager ha visibilita' sulla Vision aziendale ed e' in grado di poter coordinare lo start-up di tale erogazione sul mercato.

L'architetto, per altro, informato dal Project Manager di quale sia la struttura del prodotto/servizio e di quali funzionalita' deve dar prova, andra' a scegliere una serie di parametri per implementare la migliore architettura possibile.

Da notare un aspetto curioso delle diciture internazionali con le quali si identificano le tipologie di gestione delle informazioni oggi giorno.

CAPITOLO 4

Abbiamo infatti sin qui parlato di B2B, B2C, ecc...dove la il "2" sta a semplificare la parola inglese "TO", condensando in slang anglosassone il numero due, ovvero "TWO".

TO indica anche la direzione delle informazioni, ovvero nel caso B2C ad esempio, si intende che e' una azienda (Business) che eroga qualcosa verso un consumer (Consumer).

Addentrandosi nelle questioni tecniche, pero', cio' non e' propriamente esatto.

E' molto probabile, infatti, che il Consumer non fruisca di informazioni standosene "fermo" a aspettarle, ma in molti casi il dispositivo mobile fa un lavoro attivo di PULL dalla fonte delle informazioni. Questo ha impatto sulle logiche aziendali a cui ha pensato l'architetto che sta gestendo il prodotto/servizio ? Certo che si'!

Si vengono a creare problematiche sulle quali molte aziende che sviluppano software o semplicemente apparati mobile stanno riflettendo da anni.

La modalita' PUSH o PULL di accesso alle informazioni determinano la piattaforma che dovra' implementare l'architetto.

Se nel caso del BES abbiamo parlato di architettura push, possiamo fare un tipico esempio di architettura pull: il Wap®. Questo protocollo e' stato il primo metodo di fruizione delle informazioni diffuso sui cellulari ed ha avuto un notevole successo.

Comprimendo e semplificando cosa era possibile vedere su un dispositivo mobile, il Wap ha consentito agli apparecchi piu' obsolescenti di creare e fruire informazioni in un modo impensabile fino a poco tempo fa.

Si poteva leggere le email, navigare su Internet e tutta una serie di servizi che avevano una sola cosa in comune: era l'utente che doveva andarsi a prendere (PULL) le informazioni.

Se queste erano all'interno di un'azienda, ecco che si veniva a creare un problema di sicurezza non da poco.

CAPITOLO 4

Il problema, se visto con la prospettiva dell'architetto era sostanzialmente del tipo: "A quante informazioni devo permettere l'accesso a chi arriva da fuori con un dispositivo mobile o fisso?"

O ancora: "Il Project Manager dovra' fornirmi una serie di credenziali che possano fare questo o quell'altro e dovro' impedire agli altri utenti di fare altrettanto".

Quello che adesso sto semplificando fino alla noia e' molto importante quando si tratta di mettere in sicurezza delle informazioni.

Questo capitolo serve quindi a far luce su un nuovo aspetto che non avevamo ancora considerato: la direzione.

La direzione con la quale le informazioni girano.

Come si spostano, da chi partono e verso chi vanno.

Il compito dell'architetto e' sapere questi flussi a menadito, per non incorrere in deviazioni rispetto alla Vision aziendale o a cosa i fruitori delle informazioni si aspettano.

Nel caso specifico menzionato prima, dove ci si preoccupa di quali informazioni un utente che arriva da fuori dall'azienda possa vedere, e' stato coniato un concetto che esisteva gia' nella modalita' "1.0" che abbiamo affrontato.

Il concetto della pubblicazione.

Un architetto e' tipicamente responsabile di quei dati che vengono pubblicati, sia all'interno dell'azienda sia all'esterno.

Quelli all'esterno diventano fruibili al mercato al quale si rivolgono.

Lavorare su questo campo e' quello che si sente dire "Mettere le mani sul firewall" o "Creare regole sulla DMZ".

Senza addentrarmi troppo sul tecnico, principalmente un architetto determina chi puo' "scavalcare" il muro aziendale da lui eretto, come e perche'.

4.5 L'architetto come economista: APN e COSTI dei SERVIZI

Sebbene abbia messo in evidenza come un architetto sia sostanzialmente un tecnico molto qualificato sulla tipologia di informazioni , cio' non esclude che non debba fare i conti con il "male" comune odierno: il Dio Denaro.

Nel valutare, infatti, quale architettura preferire per gestire una certa mole di informazioni, e' fondamentale avere bene in mente la tariffazione applicata ai dati in movimento.

Nell'ambito di un capitolo dedicato al flusso delle informazioni, non si puo' non parlare di cosa sia, a cosa serva e quanto costi usare un APN.

APN e' l'acronimo anglosassone di Access Point Network, in pratica....da dove passa il traffico dei dispositivi mobili.

Ogni palmare di cui si dispone, ogni pc portatile che si connetta attraverso una scheda Umts, insomma, qualsiasi cosa serve per usufruire di informazioni in movimento, e' agganciato direttamente a un APN.

Esiste una distinzione, a livello di tariffazione e di sicurezza, dei dati in transito attraverso un APN: ci sono quelli pubblici e quelli privati.

Dal punto di vista del funzionamento tecnico, essi sono sostanzialmente identici, eccezion fatta per il fatto che, appunto, c'e' una differenza economica nel loro utilizzo e per la posizione degli stessi APN in relazione a dove si trovino i dati da fruire.

La posizione degli APN determina anche il grado di sicurezza dell'applicazione stessa.

Tutto il lavoro svolto sul rendere sicure le informazioni e fruibili nel miglior modo possibile, rischia di essere vanificato dall'errata posizione dell'APN o da un suo utilizzo non corretto.

CAPITOLO 4

Tanto per capirsi, quando le informazioni aziendali relative a un certo prodotto o servizio escono dall'azienda sono gia' pronte per essere usufruite dall'utilizzatore mobile.

Questo significa che devono essere:

1. sicure

2. ottimizzate

3. fruibili velocemente

4. aggiornate costantemente

Questi quattro elementi determinano come un architetto implementi la propria infrastruttura, sia fissa che mobile.

In particolare, gli elementi che deve tenere in considerazione sono:

1. Piattaforma di integrazione tra il prodotto/servizio

2. APN pubblico o privato

1. Integrazione con la parte mobile - MobileLayer

2. Modalita' di fruizione - push o pull

3. Device utilizzati

Dovendo fare i conti con i costi globali del progetto o del servizio, quando il budget non lo consente l'architetto preferisce utilizzare il browser (con i protocolli standard http o https) come strumento al quale i device mobili si aggancino.

Tali protocolli consentono inoltre un grado di standardizzazione molto alto, parametro che, come abbiamo visto, aumenta notevolmente la qualita' delle informazioni che vengono fruite.

In questo caso non viene studiata una versione ad hoc del prodotto o servizio per la parte mobile ma questa viene automaticamente adattata per tali dispositivi dal protocollo http/ https.

CAPITOLO 4

Questa analisi viene solitamente fatta congiuntamente al Project Manager in prima battuta quando viene pensato il servizio o il prodotto.

Si deve infatti considerare quanto siano importanti la user experience dell'utente in mobilita' a scapito di aspetti che solitamente condizionano le applicazioni per come siamo abituati a vederle e fruirle.

Nello specifico mi riferisco ad esempio alla grafica, fattore che viene solitamente molto curato nell'erogare delle informazioni ai propri utenti.

Sul campo mobile, tale fattore passa spesso in secondo piano per migliorare piuttosto la velocita' oppure l'ottimizzazione dei dati che davvero servono all'utente finale.

Il browser poi incide fortemente sui costi di sviluppo della soluzione, visto che e' gratis e soprattutto standard. Attualmente la scelta viene effettuata in base a chi e' il destinatario delle informazioni, se un consumer o un'azienda.

Nel caso del consumer, il costo finale del prodotto o servizio e' tipicamente molto basso e l'utilizzo del browser come piattaforma di fruizione e' pressoche' obbligato.

Se il target e' un'azienda, il discorso cambia sia in funzione appunto del costo ma anche di altri fattori elencati come la sicurezza o i device utilizzati.

Dobbiamo pensare che tutti i palmari sul mercato supportano infatti i browser standard, mentre le applicazioni scritte ad hoc devono essere scritte per le varie versioni dei device (iPhone, BlackBerry, Windows mobile®, Symbian®).

Come vedremo nel prossimo capitolo, per un architetto e' importante capire quali siano le informazioni cruciali che sono necessarie su un dispositivo mobile e quali funzionalita' devono essere implementate.

Le scelte su grafica, dispositivi utilizzati e quant'altro sono di conseguenza.

CAPITOLO 4

Per fare un caso pratico, alcuni palmari hanno un piano tariffario flat (a canone) mentre altri ne hanno a traffico, quindi spesso con maggiori costi per la fruizione delle informazioni.

Scegliere un piano tariffario piuttosto che un altro, come usufruire di informazioni consumer o aziendali determina l'APN che andiamo a utilizzare e il grado di sicurezza che questo ci offre.

Alcuni dispositivi, quali i BlackBerry danno la possibilita' di usare sia piani flat che a traffico, mentre altri sono piu' rigidi da questo punto di vista,.

Non dimentichiamo che nel caso degli APN pubblici , e' l'operatore telefonico che li gestisce e quindi la scelta del piano tariffario e' soggetta all'operatore stesso.

La tendenza che sto notando negli ultimi anni e' quella di permettere all'utente mobile di scegliere quale APN utilizzare in base a quale applicazione sta usando.

Cosi', per alcuni dati come le email, la navigazione internet, useremo un APN a canone, mentre per altre applicazioni che useremo spot preferiremo un APN a traffico.

Questo concetto rimanda a quanto affrontato nel capitolo successivo.

Quelle informazioni ci servono sempre come servizio ricorrente (flat) o le usiamo una volta ogni tanto e quindi preferiamo un apn a pagamento solo nel momento in cui le usiamo?

4.6 Le informazioni "cruciali": Killer applications o...?

Abbiamo parlato di applicazioni cruciali (Killer Applications®) e di Tag, questo nuovo modo di indicizzare le informazioni che sta cambiando il nostro modo di comunicare, ma anche di servizi a valore aggiunto e di chi attualmente li sta erogando (Service Provider).

Mi pongo la domanda: ho ancora bisogno delle killer applications nel 2010?

...e ancora...

E dei Service Provider, cosi' come li conosciamo oggi?

Ho bisogno di andare 18 volte al giorno su Google per avviare una ricerca dei contenuti che mi interessano?

Mi sono dato una risposta, io come altri, evidentemente come vedremo piu' avanti, ed e' molto semplice come risposta: NO!

Quello che interessa a me , a un utente medio della Rete, non sono le applicazioni vitali, quelle piu' usate o piu' utili.

Non mi interessa nemmeno "come" fare per ritrovare i contenuti che voglio, se usare un motore di ricerca o qualsiasi altra "diavoleria tecnologica" venga inventata nei prossimi 20 anni.

A me interessano... i **Contenuti** ! (la metto maiuscola stavolta perche' fa molto rullo di tamburi e..TA-TA-DAN!).

Partiamo con un esempio che l'Universo mi ha fornito l'altro giorno in macchina per spiegare il concetto (solitamente le migliori idee si hanno in macchina, sotto la doccia, o durante una passeggiata, quindi smettete di leggere il mio libro e andate a fare una di questa attivita' eheh).

Prendo in prestito per un attimo la parola "**Bologna**" , il nostro contenuto "interessante".

E' brevettata anche questa? Speriamo di no! :-)

CAPITOLO 4

La parola "Bologna" e' un contenuto per me **interessante** per svariati motivi.

In primo luogo sono un fotografo incallito e vorrei avere quotidianamente disponibili tutte le foto amatoriali e professionali sul centro di Bologna, sui monumenti ad esempio, o foto delle strade urbane per realizzare la versione 2 del mio libro "Buche cittadine".

In secondo luogo, mi capita di andarci per lavoro almeno una volta al mese e quindi poter disporre di un orario dei treni aggiornato che mi porti a Bologna da qualsiasi destinazione, e' per me **molto interessante**.

Non voglio, invece, sapere **quasi niente** delle aziende che hanno sede a Bologna, perche' reputo che il core-business di quelle che producono prodotti interessanti per me sia quasi sempre ubicato a Milano.

Cosa sto facendo? Non so se avete notato, ma sto applicando un concetto ormai storico della Rete a uno nuovissimo: sto dando una "popolarita" o "grado di interesse" a un Tag specifico (o insieme di Tag che formano un "contesto").

Il Tag, negli esempi sopra, e' sempre la parola "Bologna", ma a seconda che sia affiancato dai tag "foto" oppure "treni", oppure "aziende" assume per me un interesse completamente diverso.

E' vero che il tag "Bologna" potrebbe essere molto interessante per me, ma solo nel contesto del tag "foto" che lo precisa e puntualizza.

Ah, ci siamo arrivati... :-)

Sto introcendo un concetto molto innovativo e naturalmente mi sono accorto che la stessa Google ci e' gia' arrivata da tempo (ma io non lo sapevo fino a pochi giorni fa) e lo sta portando avanti con un progetto di ricerca mirato: il concetto di Killer Contents.

Mi sa che il nome e' nuovo, invece, e quindi mi affrettero' a marchiarlo io con il copyright, tie'! :-)

Google sta lavorando su un progetto che sfrutta il loro proprietario algoritmo PageRank, quello che ci ha consentito fino a oggi di avere ai primissimi posti delle nostre ricerche i siti piu' "popolari". L'aver definito l'interesse per certi Tag della Rete a livello planetario e' stato recentemente visualizzato come una "supermente del mondo": una Internet intelligente che evolve con noi, con i nostri contenuti.

Personalmente credo molto in questo sfruttamento dei contenuti di cui disponiamo e al modo con il quale li creiamo e ne fruiamo.

Ecco perche' mi e' venuta l'idea di creare un super-client dedicato ai Killer Contents, **l'ultima applicazione scritta dall'uomo che metta fine al concetto stesso di applicazione**.

4.6.1 Progetto Book, Killer Contents©: il super-client

Mi sono prodigato molto, in questo libro, sul porre attenzione sulla creazione delle informazioni e sulla loro fruizione. Vorrei esprimere questo desiderio: che le informazioni non siano alterate, manipolate ne' interpretate (come fanno le applicazioni) da nessuno , tranne che da me. Nel mio ultimo libro fotografico dal titolo "Mondi Opposti", pongo l'accento su uno dei temi dell'umanita' che mi sta piu' a cuore: l'educazione. Stiamo facendo passi da gigante nel tentativo di portare l'istruzione nel Paesi cosiddetti "sottosviluppati" (ma e' tutto da dimostrare!).

Quello che mi chiedo e' piuttosto: cosa stiamo portando? stiamo facendo come gli USA che "portano" la democrazia in Iraq?

Si pone un problema etico, al quale vorrei rispondere a modo mio: io vorrei rendere disponibile al mondo intero lo strumento ideale per la rivoluzione "3.0" , le informazioni "originali" dei Paesi non industrializzati disponibili comunque e ovunque in base agli argomenti di nostro interesse, senza morale, senza religione a fare da scudo alla loro proliferazione.

CAPITOLO 4

Nessun altro meglio di noi sa a cosa siamo interessati; quello che ci serve casomai e' un'assistente tecnologico che ci aiuti nel presentarci queste informazioni e che le gestisca per noi: un assistente tutto fare che lavori 24 ore al giorno **solo ed esclusivamente per noi**. Questa e' un applicazione mobile interessante!

Non e' fantastico??? Un client del genere farebbe esattamente questo.

Che sono quelle facce stralunate?!?! E' possibile... sapete?

Si tratta solo di sviluppare l'idea che vi descrivo.

L'idea che ne e' scaturita e' la creazione di uno strumento tecnologico che rappresenti il massimo per noi utenti, che ci consenta di decidere tutto delle nostre informazioni, come quando e perche' crearle, ma soprattutto selezioni quali ci interessano davvero oppure no; si puo' ormai considerare obsoleto il processo per il quale qualcuno decide per noi cosa ci interessa, come farcelo avere e quando ne dobbiamo usufruire.

Voglio dire: cosa mi interessa di sapere le previsioni del tempo a Bologna oggi?

Non ci vado per lavoro, non vado a sciare nei vicini appennini, quindi...e' un'informazione poco interessante per me, mentre potrebbe esserlo tantissimo per il mio collega che va a Bologna a vedere quella certa manifestazione all'aperto.

Vediamo se mi spiego meglio...

La quantita' di informazioni che ognuno di noi si trova a gestire gia' oggi nel mondo 2.0 (sia consumer che enterprise) e' notevole e destinata a crescere a dismisura.

Oggi stiamo lavorando per avere dovunque e in qualsiasi momento, sia informazioni nostre private e/o aziendali o comunque dedicate al mondo piu' professionale.

Il problema e' che sono troppe...e troppo spesso destrutturate, disomogenee.

Non abbiamo semplicemente tempo per controllare i messaggi di posta, gli sms, gli mms, gestire gli appuntamenti (magari combinando quelli privati con quelli aziendali),

CAPITOLO 4

ricordarsi di chiamare quel nostro amico o collega o cliente, controllare sul web quanto costa quel certo prodotto, fare i biglietti del treno per domani mattina (ma stando attenti che il nostro collega o il nostro amico siano sullo stesso treno).

La lista delle informazioni che ci troviamo a dover gestire quotidianamente e' infinita, potrei continuare per ore.

Di cosa abbiamo bisogno davvero "in mobilita'" e "in tempo reale" allora?

Ma naturalmente...di un assistente!

Semplice no?! La risposta e' tutta qui e, oltre che semplice, pare anche semplicistica, ma se ci pensiamo bene, il web 3.0 va esattamente in questa direzione (segue definizione).

- *trasformare il Web in un database, cosa che faciliterebbe l'accesso ai contenuti da parte di molteplici applicazioni che non siano dei browser;*
- *sfruttare al meglio le tecnologie basate sull'intelligenza artificiale;*
- *il web semantico;*
- *il Geospatial Web;*
- *il Web 3D*

Queste sono le definizioni, ancora ovviamente in "divenire" della nuova frontiera 3.0 verso la quale ci stiamo muovendo e, a mio avviso, il super client "Killer Contents" di cui profetizzo la nascita va proprio in questa direzione.

Un assistente ha il compito primario di "catalogare" le informazioni per il suo assistito (come farebbe una segretaria per gli appuntamenti, le email, ecc...) e questo puo' essere fatto appunto utilizzando dei database standard.

Il vero valore aggiunto dell'assistente e', tuttavia, mettere la sua "intelligenza" a disposizione dell'assistito (o cliente, super-client appunto), facendo in modo di tenere a mente le nostre preferenze e comunque le informazioni che ci interessano.

CAPITOLO 4

Utilizzando al meglio il concetto di "tag" e "popolarita'" di certe informazioni, un assistente ci aiutera' moltissimo nel compito di crearle, gestirle o solamente fruirle.

I concetti di Web Semantico e Web3D vanno nella direzione gia' delineata dalla rivoluzione 2.0 di accrescere l'interattivita' tra gli utenti della Rete e quindi tra le informazioni.

Il Web Semantico, in particolare, risfrutta concetti appunto di DataWeb dove i dati siano legati tra loro non come avviene oggi con l'indicizzazione per parole chiave, ma propugnando nuove relazioni tra di essi.

Il Web semantico e' il primo passo verso la creazione appunto di un DataWeb, ovvero trasformare il mondo Web (eterogeneo come abbiamo detto) in un database che sfrutti dati omogenei e strutturati.

Senza addentrarmi troppo sul tecnico, alcuni linguaggi come RDF e XML stanno gia', in modo pionieristico ma efficace, aprendo la strada alla nascita di queste applicazioni che sfruttino i dati organizzati in modo omogeneo, come il Killer Contents di cui sto parlando.

CAPITOLO 5 - Pag. 177
Per chi cerca lavoro

...Se fino a ora non vi ho ancora convinto a creare voi stessi le informazioni, a diventare insomma dei Content Provider come autori di libri, di canzoni o qualsiasi altro contenuto vi venga in mente...

...Se non vi ho convinto che potete fruire in qualsiasi modo e quando volete di tutti i contenuti che vi interessano, nel modo che preferite...

...Se non vi ho convinto che avrete sempre a che fare con le informazioni, specialmente in mobilita', che vi piaccia o no...

Beh, allora... Comincio a perdere le speranze! :-)

...e mi tocchera' trovarvi un lavoro in questo campo, o perlomeno aiutarvi a farlo, suggerendovi come nel mondo odierno si possa fare un'attivita' che abbia, in qualche modo, a che fare con le operazioni di creazione, fruizione, flusso dell'informazione.

In questo libro ho cercato di descrivere le professioni maggiormente coinvolte nel campo dell'informazione e del mobile.

Ho volutamente tralasciato di addentrarmi meglio nel lavoro che fanno i singoli "specialist" tecnici, perche' ovviamente ogni azienda ha professionisti indirizzati differentemente sull'uno o sull'altro campo di applicazione, piuttosto che alle prese con diversi linguaggi di programmazione o con diverse architetture.

Una caratteristica che vale oggigiorno in qualsiasi lavoro, ma che si particolarmente sentire nell'ambito di gestione delle informazioni e' l'aggiornamento.

Mai come adesso, un professionista mobile deve essere aggiornato.

Deve conoscere le tecnologie, prima dei flussi.

Ancor prima di prendere decisioni su un prodotto o servizio, deve capire pregi e vantaggi delle soluzioni disponibili sul mercato.

CAPITOLO 5

Questa forse e' la parte piu' difficile: stare sulla cresta dell'onda.

Una soluzione che oggi si applica con successo in un modello di business che riguarda il mobile, domani potrebbe essere obsoleta.

E la frequenza con la quale questo cambia e' veramente questione di mesi.

Per mia esperienza, mi sono ritrovato a fare riunioni a distanza di poche settimane e a rivoluzionare completamente l'architettura di un determinato cliente o servizio, proprio perche' magari era uscita una nuova applicazione.

La mente del Project Manager, dell'IT Manager o dell'Architetto deve essere veloce ed efficace.

Mentre partecipa a meeting o anche semplicemente legge email riguardanti gli ambiti nei quali si cimenta, la sua mente e' in continuo fermento, non solo tecnologico ma anche economico.

Nell'approfondire un nuovo prodotto o progettare un nuovo servizio, e' il fattore "soldi" che deve comunque essere alla base.

Ci sono aziende dove tali scelte sono obbligate, altre in cui la liberta' di manovra di queste 3 figure professionali e' molto elevata.

Se la direzione ha una propria visione e imposta il modello di business, ecco dunque che si e' piuttosto autonomi di decidere come impostare l'erogazione e la fruizione delle informazioni.

Si e' anche autonomi spesso nella scelta dei propri collaboratori.

Un Project Manager, per sua natura, si circondera' di sviluppatori, analisti software; il suo compito, infatti, di progettare un'applicazione, un servizio che si basi sul mobile richiede molto spesso competenze software di alto livello e una visione di insieme di come sia possibile implementare il Mobile Layer nel caso specifico.

CAPITOLO 5

Collaboratori tipici del Project Manager mobile saranno pertanto sviluppatori Java, Symbian, .NET, PHP....tutte tecnologie che sentiamo nominare quotidianamente.

L'IT Manager, per contro, e' una figura piu' di coordinamento e di gestione.

Mentre il Project Manager deve conoscere molto bene le tecnologie di cui l'azienda si serve, anche per poter immaginare come il prodotto/servizio possa essere realizzato, nel caso dell'IT Manager questo non e' quasi mai richiesto.

Quelli che ho incontrato nel mio peregrinare all'interno delle aziende italiane, erano figure professionali maggiormente focalizzate sulla gestione delle persone.

Saper coordinare al meglio staff anche consistenti di tecnici specializzati, piuttosto che districarsi nel vasto panorama IT non e' cosa semplice.

E' richiesta una notevole abilita' di PR (Public Relations) che non sempre di trova in questa figura professionale.

Ecco perche' un IT Manager quasi mai e' un tecnico.

Si arriva a questa posizione in azienda probabilmente essendosi interessato di tecnologia in passato, ma la conoscenza approfondita di architetture e quant'altro non e' richiesta.

Ovviamente, masticare di tecnologia o conoscere nello specifico alcuni prodotti sul mercat e' buona cosa e aiuta, ma non e' la prima volta che vedo IT Manager che erano a capo delle Risorse Umane o comunque non strettamente legati al business di cui si occupa la nuova azienda.

Quindi, per chi tra voi e' alla ricerca di una figura di gestione, che respiri di tecnologia tutti i giorni, ma che possa rimanerne sufficientemente distante da evitare un lavoro prettamente tecnico, questo e' il lavoro che fa per voi.

Certo, non e' semplice diventare un IT Manager partendo da zero: si deve scalare spesso le posizioni aziendali, fino a ritagliarsi il giusto spazio.

CAPITOLO 5

Quello che vedo nella mia esperienza di 8 anni nel settore, e' che comunque e' piu' semplice del previsto diventarlo.

Trattandosi di un ruolo di gestione, molte persone non si sentono parte del business, in qualche modo sembra loro di non "lavorare" nella tecnologia.

Un IT Manager e' una persona che amministra, il fatto che nello specifico si tratti di informazioni e' un dettaglio.

Se domani mattina il Mobile non e' piu' la punta di diamante della tecnologia, un IT Manager deve sapersi orientare velocemente, capire costi e benefici di una soluzione alternativa e applicarla in conformita' alla direzione aziendale.

Diverso e' il ruolo dell'Architetto, fiura professionale questa che, al pari del Project Manager, mastica di tecnologia come fosse il suo pane quotidiano.

La distizione piu' evidente tra i due ruoli la potrei riassumere dicendo che il primo si occupa di sistemistica, mentre il secondo di applicazioni.

Cio' che il Project Manager vuole implentare, per sua volonta' o per messa in pratica di un progetto della direzione, l'Architetto cerca di realizzare.

I due collaborano frequentemente e spesso sono nello stesso ufficio.

"Respirare" di tecnologia applicata a progetti o servizi, si traduce anche nel captare una frase detta da un manager, da un collaboratore che esponga le sue idee su una determinata tecnologia.

Insomma, sono due figure professionali che, per loro natura, devono necessaria-mente essere "tutto orecchi".

Un Project Manager fa domande all'Architetto come "Come si puo' fare questa cosa?", "Ma se io volessi cambiare questo programma, poi te sul database devi fare delle modifiche sostanziali?" ecc ecc...

CAPITOLO 5

Questa si chiama collaborazione.

E' il concetto base di Enterprise 2.0 che ho cercato di spiegare meglio nei capitoli precedenti. Un Architetto conosce con esattezza la sua "posizione" all'interno del paradigma 2.0. Capisce che, orientato dal Project Manager, dovra' erogare quelle informazioni sul mercato che il Project Manager ha ritenuto idonee.

Lo dovra' fare nel modo che l'IT Manager gli ha suggerito, per una scelta di quali applicazioni l'azienda ha fatto, in funzione di determinati costi che non possono essere superati.

L'Architetto ha una discreta liberta' di manovra su come erogare le informazioni, ma non su tempi, scelta dei device ecc...

Essendo l'ultimo anello della catena delle informazioni, prima che queste vengano "immesse" nel mercato, egli applica quello che e' stato precedentemente deciso da riunioni strategiche sul tema.

La capacita' di cambiare in corsa un'architettura che sia in produzione (gia' usata dagli utenti) e' pari a zero.

Se si e' deciso di implementare una certa applicazione o servizio basandosi su una determinata infrastruttura o piattaforma, non e' solitamente possibile tornare indietro sui propri passi.

L'Architetto deve impedire che questo accada.

A scapito magari delle proprie preferenze su quale tecnologia usare, su quali device mobili sfruttare per creare e fruire delle informazioni aziendali.

Si parla sempre di figure professionali tipicamente che lavorano in un enterprise, piccola, media o grande che sia.

Nel caso vi interessi lavorare col mobile sulle informazioni, ma non sottostare alle logiche dei mercati dove la prima lettera sia una "B" (B2B,B2C,B2B2C, ecc..), il discorso cambia, ma non piu' di tanto.

CAPITOLO 5

Se vi ritenete "freelance" dell'informazioni, content o service provider autonomi, dovete essere probabilmente le tre figure professionali messe insieme e non solo.

Dovete avere anche una visione del flusso delle informazioni, tale da prendere decisioni sensate su come implementare l'applicazione/servizio a cui siete interessati.

Facciamo l'esempio di uno sviluppatore che voglia pubblicare un'applicazione di grido nel fiorente mercato dell'Application Store di Apple.

Egli dovra' fare il Project Manager, l'Architetto di se' stesso.

Non gli sono richieste competenze da IT Manager, ma piuttosto valutazioni economiche come all'interno di un'azienda.

Le aziende di mobile nascono proprio perche' e' difficile accentrare queste competenze.

E' piu' semplice dividere il lavoro delle 3 figure professionali descritte su persone diverse, ognuno con la propria esperienza, ognuno che possa dare un apporto personale di valore alle informazioni che verranno gestite.

In questo contesto, rientrano naturalmente anche i venditori, i cosiddetti "commerciali" che propongono la soluzione sul mercato.

Se le 3 figure professionali menzionate sono a carattere comunque sempre tecnico, non e' detto che in talune situazioni sia loro richiesto di essere un po' anche dei venditori.

Mi viene in mente l'IT Manager che "compra" un'idea dal board aziendale e la "rivende " ai propri collaboratori.

In qualche modo, questi ruoli sono nel mezzo tra chi eroga e chi fruisce le informazioni, siano questi ultimi altre aziende o consumer.

Bisogna avere competenze tecniche, ma anche e soprattutto relazionali, quasi da "venditore": se questo e' il vostro caso, sono certo che avrete un grosso appagamento nel lavorare in questo settore.

5.1 Eventi e fiere da non perdere

Abbiamo detto nel paragrafo precedente quanto sia vitale rimane aggiornati nel campo delle informazioni.

In particolare, le aziende stanno sempre piu' aumentando i loro budget nella formazione dei dipendenti.

E' necessario essere "avanti".

Non si puo' aspettare il mercato, il mercato va aggredito.

Questa che puo' sembrare un'affermazione tipicamente commerciale o strategica, in realta' dovrebbe riguardare chiunque lavori nel campo delle informazioni, tecnici, amministrativi, soprattutto persone che si occupano di marketing.

Il messaggio che le informazioni ci hanno suggerito fin dagli albori di cui abbiamo parlato nell'introduzione , e' che sono veloci.

Lavorare nel mobile e non cogliere le occasioni al volo, e' come guidare un'auto senza patente: o si va a sbattere o qualcuno ci ferma per strada.

Formazione non significa per forza tornare a studiare, a imparare.

Molti neolaureati o alla prima occupazione, si fanno spaventare da quest'affermazione e ragionano del tipo: "Ma come?! Ho studiato finora e mi dici che non sono a niente? Ora inizio a lavorare e poi si stara' a vedere!".

Cio' e' poco lungimirante.

Tempo 2 anni e le vostre conoscenze universitarie, o anche quelle contenute in questo libro saranno obsolete.

Si tratta di rimanere con la mente aperta, di "conoscere e capire" piu' che imparare.

Se esce un nuovo prodotto, una nuova applicazione mobile che e' sulla bocca di tutti, andate nel sito e cercate di capirne di piu' dal vostro punto di osservazione.

Fidarsi delle riviste di settore o delle recensioni di partner "istituzionali" non e' consigliabile.

CAPITOLO 5

E' utile altresi' leggerne molte per avere punti di vista anche diametralmente opposti.

Quello che mi capita spesso di fare e' di fare e' di ribaltare la mia prospettiva: se io fossi un IT Manager come vedrei questa novita'?

E se fossi un Project Manager? O un Architetto?

E se invece fossi uno sviluppatore e dovessi integrare quanto gia' fatto dal mio ultimo programma con le novita' di questa nuova applicazione, come mi comporterei?

Modificherei quella certa routine, riscriverei tutto da zero?

Come puo' questo nuovo servizio risolvere le mie problematiche attuali?

Le domande sono importanti, perche' determinano l'integrazione del prodotto/servizio nuovo con quanto avete gia' fatto o vi apprestate a realizzare.

Mettetevi nei panni della direzione aziendale.

Se voi foste membro del board, come vedreste questo nuovo prodotto?

Lo acquistereste di impulso o fareste delle valutazioni ponderate mettendo a un tavolo Project Manager e Architetto, capendo con l'IT Manager l'effort totale di un'eventuale migrazione?

Ecco perche' sono importanti le fiere e gli eventi, argomento di questo paragrafo.

Partecipare a un convegno sui temi fin qui proposti, girellare per le fiere internazionali riguardanti la tecnologia e in particolare il mobile, e' molto stimolante.

Stimola le domande.

Vi fa "stare in movimento": ricordate la prima definizione tratta da Wikipedia su cosa significa la parola "mobile"?

Ecco. Stare all'erta e' alla base del lavoro sulle informazioni e sul mobile.

Le fiere principali a cui un esperto di settore dovrebbe partecipare si dividono principalmente in due categorie: quelle dedicate al consumer e quelle dedicate alle aziende.

Ma va???? :-))

Tanto per cambiare, ecco che troviamo nuovamente la consueta distinzione.

CAPITOLO 5

Il mio consiglio?

Partecipate a entrambe.

Non fatevi traviare dai "rumors" che vorrebbero professionisti presenti SOLO a quelle fiere istituzionali di cui si parla di anno in anno e gli studenti o "consumer" partecipare solo a eventi piu' leggeri.

Respirare di novita' a questi eventi e' la principale attrattiva, sia che si parli di idee o nuovi servizi, sia che si parli di nuovi prodotti, nuove applicazioni, nuovi palmari.

Partecipate ai seminati che vengono organizzati.

Limitarsi a girellare tra i banchi dei vari espositori e' limitante: e' vero che vi da' una visione di insieme, ma spesso non entrate nel vero spirito dell'evento.

Appena entrati in fiera, prendete l'elenco dei seminari del giorno e concentratevi su quelli che vi stanno piu' a cuore.

Il mio consiglio e' di tenervene almeno uno a cui non siete interessati, ma partecipateci lo stesso: potrebbero venirvi idee interessanti.

Tenete sempre la mente sgombra: andare con dei pregiudizi a una fiera e' controproducente.

Fatevi affascinare dalle novita' di settore, anche quelle che li' per li' non riescono in tale compito.

Tra le fiere piu' importanti che mi preme segnalare posso annoverare:

- WES (Orlando, Florida - USA): fiera di settore dedicata alle aziende (pagamento di c.a. 1600$ per l'ingresso), dove fa da padrone il device di RIM, BlackBerry.

- 3GSM (Barcellona, Spagna): fiera dedicata alle aziende sul mondo mobile a 360° (pagamento di c.a. 300Euro per l'ingresso). E' molto interessante ma anche molto dispersiva. Il mio consiglio e' di parteciparvi solo se vi siete persi il WES e altre fiere mobile all'estero.

- **CEBIT** (Hannover - Germania): fiera dedicata al mondo consumer (pagamento per i soli espositori), dove trovare le ultime novita' in fatto di device e di software dedicati al mondo mobile, applicazioni e gateway server.

- **SMAU** (Milano, Italia): fiera dedicata sia alle aziende che al consumer sul mondo mobile a 360° (ingresso gratuito per le aziende o c.a. 30 euro per gli utenti finali). E' molto interessante ma anche molto dispersiva cosi' come il CEBIT. Il mio consiglio e' di parteciparvi solo se vi siete persi tutte le fiere precedenti o non avete sufficiente budget per recarvi all'estero.

Menziono solo questi 4 eventi, anche se la lista potrebbe essere molto piu' lunga.

Queste 4, pero', sono fiere che vi danno un'idea di che aria si respira nel mondo mobile e , piu' in generale, di chi ha a che fare con le informazioni.

Sono sempre tornato ispirato da queste fiere: in un modo o nell'altro, ho cercato sempre di trovare nuovi stimoli o di capire dove stava andando il mercato.

Un'altra fonte di aggiornamento periodico sono senz'altro gli workshop, eventi tipicamente di un giorno focalizzati su un certo argomento specifico o una certa tecnologia. Aziende leader sul mobile spendono una fortuna su queste giornate, perche' consentono in una botta sola di aggiornare centinaia di clienti, venditori sparsi sul territorio. Tali workshop vengono segnalati o tramite newsletter interne alle aziende o potete iscrivervi a quelli pubblici che trovate su Internet.

Un progetto come il Killer Contents che avete trovato in questo libro, va inoltre nella direzione di rappresentare un potente strumento di e-Learning dinamico e personalizzato.

Informarsi su quello che veramente ci interessa, usando il mobile come veicolo di fruizione di questi contenuti.

Rimanete "on-line" sul mio blog http://lcodacci.blogspot.com/

L'apoteosi dell'informazione

"Il Paradiso" (dal vangelo di...)

Siamo arrivati quasi alla conclusione di questo libro, al termine di un viaggio attraverso le informazioni, il loro scopo, la creazione e loro fruizione.

Ma...un momento!!

La Bibbia parla di un Paradiso in Terra, il Paradiso in mezzo a noi, c'e' un'esortazione a cercarlo nella vita di tutti i giorni: sara' mica qualcosa che ha a che fare con le informazioni?

Voglio dire... ne siamo cosi' pieni, siamo permeati e pervasi di informazioni che...Oddio!! L'apoteosi della comunicazione sarebbe proprio che potessimo comunicare con Dio, magari iniziando con l'Universo visibile, ma servendosi di materia invisibile.

L'antimateria' e' invisibile, cavolo!! Non ci avevo pensato...

E se le particelle che stanno cercando gli scienziati altro non fossero che atomi di informazioni? Un mega collante, una mega rete neuronale che mette in comunicazione l'intero Universo?

Altro che spazio vuoto, che "anti" materia, sarebbe la materia piu' utile e sensata del Cosmo, non siete daccordo?

Questo mio capitolo mi portera' sicuramente alla scomunica, ma devo riconoscere con me stesso che e' una teoria fantastica, interessante e che potrebbe anche trovare un riscontro scientifico a breve termine.

Non e' forse vero che le cossiddette reti "senza-fili" come Wifi, WiMax, UMTS, usano l'aria come mezzo di trasporto? E come fanno, ve lo siete chiesto?

Beh, certo...la scienza ha una risposta a tutto, ma.... chi l'ha stabilito che gli atomi debbano far passare le informazioni? E, soprattutto, lo fanno gli stessi atomi addetti a "formare" l'aria respirabile, il carbonio che forma gli esseri umani, l'idrogeno che tanto ci sta a cuore o...forse no, ragazzi! Forse no, accidenti...

CAPITOLO 6

In sintesi, vorrei ringraziare tutti coloro che hanno e che credono in me, che mi hanno dimostrato affetto durante la stesura di questo libro e che mi sostengono.

Senza di voi non ce l'avrei fatta.

Senza di voi non potrei fare il lavoro che faccio e mettere la passione che metto nelle cose che mi piacciono.

E' bello potersi dedicare anima e corpo ai propri progetti e sogni sapendo di avervi accanto.

Questo libro e' dedicato alle generazioni future.

...che possano trarre ispirazione dal passato e dal nostro presente...

...che sappiano voltare pagina, cartacea o elettronica che sia :-)

Buone informazioni e.... Buon Mobile a tutti!!!

GRAZIEEEEEEEEEEEEEEEEEEEEEEEEEEEEEEEE